U0189438

听见故乡

鹦莺啼处记乡愁

中国野生动物保护协会◎组编

科学普及出版社

·北　京·

编 委 会

支持单位

北京开放大学

中国观鸟会

北京三隅文化传媒有限公司

摄影支持

赵　阳　潘卫东　杨　诚　李玉山　王中强

陈浩然　金显利　唐杨林　刘占江　微雨燕

北京老杨　张小玲　林怡竺　吴崇汉　董江天

序

　　"生物多样性"是生物（动物、植物、微生物）与环境形成的生态复合体以及与此相关的各种生态过程的总和，包括生态系统、物种和基因 3 个层次。生物多样性关系人类福祉，是人类赖以生存和发展的重要基础。当前，全球物种灭绝速度不断加快，生物多样性丧失和生态系统退化对人类生存和发展构成重大威胁。

　　中国幅员辽阔，拥有森林、灌丛、草甸、草原、荒漠、湿地等地球陆地生态系统，以及黄海、东海、南海、黑潮流域大海洋生态系统。复杂多样的地貌和气候孕育了丰富而又独特的生态系统、物种和遗传多样性，中国是世界上生物多样性最丰富的国家之一。同时，深厚的中华传统文化孕育了"天人合一""万物平等"等思想，这些思想是华夏文明生物多样性智慧的集中体现。

　　"万物各得其和以生，各得其养以成。"生物丰富而多样是美丽中国的应有之义。作为最早签署和批准《生物多样性公约》的缔约方之一，经过多年努力探索，中国在一些旗舰物种的保护方面取得重要进展，进一步扩大珍稀濒危物种和极小种群野生植物拯救的范围，走出了一条中国特色生物多样性保护之路。

党的十八大以来，在习近平生态文明思想引领下，生物多样性保护进入新的历史时期。2020年9月30日，习近平总书记在联合国生物多样性峰会上指出："我们要站在对人类文明负责的高度，尊重自然、顺应自然、保护自然，探索人与自然和谐共生之路，促进经济发展与生态保护协调统一，共建繁荣、清洁、美丽的世界。"

中国坚持在发展中保护、在保护中发展，将生物多样性保护上升为国家战略，在秉持人与自然和谐共生理念、提高生物多样性保护成效、提升生物多样性治理能力、深化全球生物多样性保护合作方面做出不断努力。2021年10月，中华人民共和国国务院新闻办公室特发布《中国的生物多样性保护》白皮书，介绍中国生物多样性保护理念和实践，增进国际社会对中国生物多样性保护的了解。

习近平总书记指出："绿水青山就是金山银山。""让居民望得见山、看得见水、记得住乡愁。"乡愁是一汪绿水、一脉青山、一声鸟鸣、一阵稻香……是世代传承的共同记忆。只有环境好，才会留住人，留住乡愁。乡愁背后是人与人、人与自然的和谐相处。人与自然是生命共同体，人类必须尊重自然、顺应自然、保护自然，加大生物多样性保护力度，促进人与自然和谐共生。

生态好不好，鸟儿先知道。鸟类是自然生态系统的重要组成部分，是检测环境优劣的"生态试纸"。中国拥有众多的特有珍稀濒危鸟类，我们在以此为傲的同时，更多了一份保护鸟类的责任。当濒危鸟类消失或更多的鸟类变成了濒危鸟类，"金山银山"就不复存在了。

根据自然条件、社会经济状况、自然资源，以及主要保护对象分布特点等因素，《中国生物多样性保护战略与行动计划（2011—2030年）》将全国划分为8个自然区域，即东北山地平原区、蒙新高原荒漠区、华北平原黄土高原区、青藏高原高寒区、西南高山峡谷区、中南西部山地丘陵区、华东华中丘陵平原区和华南低山丘陵区。本书根据8个自然区域，精选30多种具有"中国生物多样性名片"性质的珍稀中国鸟、入选《国家重点保护野生动物名录》《国家保护的有益的或者有重要经济、科学研究价值的陆生野生动物名录》（简称《三有名录》)、《中国生物多样性红色名录》《世界自然保护联盟濒危物种红色名录》(简称《IUCN 红色名录》)的鸟、常见伴人鸟等,从鸟鸣鸟影、鸟事趣闻、鸟与人的相处等细节入手,春风化雨般唤起人们心中对乡愁的记忆、对人与自然和谐相处的美好愿望、对生态文明建设的共情,呈现一幅"望得见山、看得见水、记得住乡愁"的美丽中国画卷。

保护好动植物资源及其生境,对拯救和发展濒危物种、维护生态平衡具有重要意义。中国于 1956 年建立第一个自然保护区,近年来,积极推动建立以国家公园为主体、自然保护区为基础、各类自然公园为补充的自然保护地体系,为保护栖息地、改善生态环境质量和维护国家生态安全奠定基础,鸟类保护成果是其中的典型案例。

中国生物多样性名片之一的朱鹮,由发现之初的 7 只增长至目前野外种群和人工繁育种群总数超过 5000 只。在被誉为"中国犀鸟谷"和"观鸟圣地"的云南省石梯村,村民从"进山背刀"到"进山当导",走出了一条生态观鸟脱贫致富新路子,成为盈江县生态保护、民族团结、强边固防的示范点,是中缅边境线上一道亮丽的风景线。中国面积最小的国家级自然保护区福田红树林是东半球候鸟的栖息地和迁徙途中的歇脚点，现在，每年来这里的候鸟有 10 万 ~20 万只之多。对湿地生态环境变化最敏感的指示动物丹顶鹤，它的迁徙通道恰好在中国人口稠密、经济快速发展的东部沿海地区，它的迁徙不仅见证着保护区生态环境的改善，也见证着迁飞路线上停歇地的生境变迁，更见证着人们爱鸟、护鸟的成绩，以及对待自然万物的态度的变化。2021 年 10 月，位于三江源国家公园核心区的牧民在离家不远的勒池草原惊喜地看到了一群实属罕见的蓑羽鹤。

生物多样性不仅存在于远离人烟的高山、湖泊和草原，也与市民生活息息相关。城市生态系统正成为连接人与自然的重要纽带，公众正成为保护生物多样性的重要力量。近年来，甘肃省张掖市高台县群众保护野生动物意识越来越强，在城市之内，除了草原雕，还救助了燕隼等国家重点保护动物。

在发展经济的同时如何保护环境、保护野生动物，使珍稀动物免遭灭顶之灾，是摆在人们面前的一个重要课题。为了保护并发展褐马鸡这一珍稀资源，山西省于 1984 年将其选为省鸟。近年来，山西省利用世界野生动植物日、爱鸟周、野生动物保护宣传月等时间节点，广泛宣传引导，不断增进和凝聚公众的保护共识。"十四五"期间，山西省持续实施野生动植物保护工程，努力把褐马鸡打造成"绿色山西"的生态名片。

面对生物多样性丧失的全球性挑战，各国是同舟共济的命运共同体，中国将始终做万物和谐美丽家园的维护者、建设者和贡献者，与国际社会共同构建人与自然生命共同体，共同建设更加美好的世界。

中国科学院院士

2022 年 6 月

目录

Contents

01
第一章

西南秘境　花羽鹮雉

　　"百鸟集其间，下上更鸣呼。"无数各色各异的鸟儿飞落聚集，将人们的视线从缥缈的远方汇聚到近前，伴着纷纷鸣叫，展开了一幅秘境画卷。在中国，可称得上这幅秘境画卷的便是中南西部山地丘陵区和西南高山峡谷区。这里是全球生物多样性热点地区之一，绮丽且神秘，是多种珍稀野生动植物的乐土。在这里，无数生灵欣欣向荣地发展繁衍。

　　中南西部山地丘陵区包括贵州省全部，以及河南、湖北、湖南、重庆、四川、云南、陕西、甘肃等省（市）的部分地区。这里的保护重点为朱鹮、特有雉类、黑颈鹤。西南高山峡谷区包括四川、云南、西藏等省（区）的部分地区，保护重点为虹雉。

　　中国生物多样性名片之一的朱鹮，由发现之初的 7 只增长至目前野外种群和人工繁育种群总数超过 5000 只。在四川栗子坪国家级自然保护区内，人们首次拍到珍稀程度堪比大熊猫的绿尾虹雉，它羽毛缤纷如彩虹，身姿矫健如雄鹰。在被誉为"中国犀鸟谷"和"观鸟圣地"的云南省石梯村，村民从"进山背刀"到"进山当导"，走出了一条生态观鸟脱贫致富新路子，成为盈江县生态保护、民族团结、强边固防的示范点，是中缅边境线上一道亮丽的风景线。

朱鹮——东方宝石

"粗哑咕哝叫"的吉祥之鸟

朱鹮是亚洲东部特有的一种鸟，被誉为"东方宝石"，是中国生物多样性名片之一，属于国家一级重点保护野生动物，入选《三有名录》《中国生物多样性红色名录》，被《IUCN 红色名录》定为濒危物种，在生物多样性保护方面具有极高的地位。

"喜鹊喳喳叫，好事就来到。"喜鹊象征着好运，在古代，朱鹮与喜鹊并称为"喜鸟"，被视为吉祥之鸟。不过，朱鹮的叫声并不欢快喜庆，而是粗哑并伴有咕哝声，谜语"黑嘴细又长，粗哑咕哝叫"的谜底正是朱鹮。

朱鹮古称朱鹭、红朱鹭，神态优雅，体型匀称，长喙、凤冠、红首、白羽。这种美丽的大鸟雌雄羽色相近，体羽白色，羽基呈浅粉红色，后枕部有长的柳叶形羽冠，额至面颊部皮肤裸露，呈鲜红色。春季是朱鹮的繁殖季节，这时成年雄鸟和雌鸟结成配偶，离开越冬时组成的群体，分散在高大的树上筑巢、繁殖，并且会不断用喙和脚获取头部和颈部皮肤分泌的黑色物质，涂抹到头部、颈部、上背和两翅羽毛上，使其变成灰黑色。

朱鹮性较孤僻而沉静，胆怯怕人，一般仅在起飞时鸣叫，

乐府杂曲·鼓吹

曲辞·朱鹭

[唐]张籍

翩翩兮朱鹭，

来泛春塘栖绿树。

羽毛如翦色如染，

远飞欲下双翅敛。

避人引子入深堑，

动处水纹开潋潋。

谁知豪家网尔躯，

不如饮啄江海隅。

常单独或成对或结小群活动，极少与别的鸟合群；多生活在温带山地森林和丘陵地带，大多邻近水稻田、河滩、池塘、溪流和沼泽等湿地环境；喜食鲫鱼、泥鳅、蛙、蟹、田螺、蚯蚓、蝗虫等，也会吃稻米、谷类、嫩叶等食物。

险失去，永珍惜

中国曾是世界上唯一有野生朱鹮分布的国家，而当年只在中国陕西省存有，所以朱鹮是最具陕西特色的代表，当选陕西省省鸟实属众望所归。此外，生活在秦岭南麓汉中盆地的朱鹮，与大熊猫、金丝猴和羚牛并称为"汉中四宝"，这4种珍稀动物诠释了作为"中华聚宝盆"的汉中盆地无比优越的生态环境。作为"四宝之首"的朱鹮更是被选为汉中市市鸟。朱鹮与陕西省的不解之缘可上溯至20世纪。

在20世纪前，朱鹮在中国东部、日本、俄罗斯、朝鲜等地广泛分布，它有着洁白的羽毛，艳红的头冠，历来被日本皇室视为圣鸟，深受日本皇室追捧，然而环境恶化、生存空间不断压缩、自身繁殖能力弱、抵御天敌能力弱等原因导致其种群数量急剧下降，到20世纪70年代，野外已无朱鹮踪影。

一个鸟种如果只剩下几百只，一般来说就是必然要灭绝了。朱鹮却是个奇迹。20世纪70年代，在苏联、朝鲜、韩国、日本和中国已经见不到朱鹮的野外踪影，只有在日本的笼舍里还存活着十余只朱鹮，日本对其进行笼养下的人工繁殖。因此，人

◇朱鹮

们把挽救朱鹮的最后一线希望投向日本对朱鹮的拯救项目，尽管科技人员配备了最好的饲养繁育和监控条件，采取了当时最先进的技术方法，但没有任何繁殖成功的例子。朱鹮在日本、苏联、朝鲜3个国家已经被宣告灭绝，这种美丽的大鸟在中国也一度不见踪影。人们都认为，朱鹮这个物种可能已经灭绝了。

1978年，中国科学院动物研究所受国务院委托组成专家考察组，在中国境内寻觅已经失踪了20多年的罕见鸟类野生朱鹮。若没找到，则要向国际鸟类学界如实说明在中国朱鹮已绝迹；若找到了，则要研究下一步如何保护。鸟类专家刘荫增接到这个任务后，寻遍曾有朱鹮分布的燕山、吕梁山、大别山等地，始终未能发现朱鹮踪迹。即使专家考察组扩大搜寻范围，在历史上出现过朱鹮的省份实施"拉网式过滤"，并发动群众协助寻找，依然没能发现朱鹮。朱鹮真的绝迹了吗？

刘荫增决定前往采集到朱鹮标本的地区复查，这是最后的希望。1981 年 5 月，刘荫增第三次来到秦岭深处的洋县。有一次，在县电影院插播朱鹮幻灯片后，有人说见过这种鸟，刘荫增喜出望外，一路追寻。终于，他在海拔上千米的姚家沟，见到了朱鹮！

秦岭，这座连通中国东西、和合中国南北的山脉，成为野外 4 只成鸟、3 只幼雏，仅 7 只朱鹮的最后庇护地。在发现这 7 只朱鹮后，以"就地保护"为工作思路，秦岭一号朱鹮群体临时保护站在陕西省洋县姚家沟设立，工作人员通过守候观察、投食喂养、应急救护，逐步积累起保护朱鹮的经验。1985 年，李福来在北京动物园突破了朱鹮"迁地保护"中的饲养、存活、繁殖的三大技术难关，人工饲养从巢中掉落的雏鸟，繁育出朱鹮的后代，为朱鹮的繁育保护奠定了基础，并建立起世界上第一个朱鹮人工繁殖种群，为极其濒危的朱鹮自然种群的恢复带来了希望。

一路走来，朱鹮保护专业力量在不断加强。从秦岭一号朱鹮群体临时保护站到洋县朱鹮保护观察站正式成立，从升格为陕西朱鹮保护观察站到设立省级朱鹮自然保护区，直至 2005 年

◇在巢中的朱鹮

陕西汉中朱鹮国家级自然保护区正式成立，朱鹮保护体系日渐
完善。

留住绿水青山，换回金山银山

　　人与鸟之间并非一直都是和谐的，也曾有过矛盾。20 世纪
80 年代，7 只朱鹮重现踪迹，为拯救与保护这一珍贵鸟种，给
朱鹮创造良好的栖息环境，一道道保护朱鹮的紧急措施很快
出台。

　　洋县发布紧急通知，实施"四不准"：在朱鹮活动区域内，

◇在树枝上休息的朱鹮

不准狩猎，不准砍伐树木，不准使用农药，不准开荒放炮。洋县限制在农业生产中使用农药和化肥，令不少农民有抵触情绪："不打农药，怎么杀虫？"为了呵护朱鹮，农民种地耕田，不再用化肥、农药，改用诱虫灯灭虫，庄稼相应减产。

当时谁也没想到，这竟是一个契机的开始。近40年坚守，洋县积累的"绿色存量"释放出"经济增量"。洋县逐步探索并率先走上了生产有机农产品的道路。如今，洋县打造出了"洋县朱鹮生态有机产品"品牌，多种农产品获得有机认证，并被评选为首批"全国有机产品认证示范创建县"之一，有机产业发展之路越走越宽。

保护朱鹮，洋县得到了回报。天然林保护工程、退耕还林工程、秦岭生态保护……一项项"大动作"，滋养了朱鹮所需的湿地、森林两大生态系统。留住了绿水青山，哺育了朱鹮，也换回了金山银山。

朱鹮归来，中国奇迹

朱鹮对栖息环境很挑剔，其栖息地至少要具备3个条件：要有高大茂密的树木，这是营巢的需要；要有水田、河湖，这是觅食的需要；与人比邻而居，但环境要僻静，这是避免天敌袭击的需要。

40多年来，陕西省洋县、河南省董寨等地陆续开展了人工繁育、野化放飞的朱鹮保护行动计划，使野外的朱鹮种群日益

◇展翅高翔的朱鹮

扩大。1993—2003 年，在陕西省、北京市等地先后建立了十余个朱鹮保护基地。经过多年对朱鹮的拯救和保护，朱鹮分布地已经从陕西省南部扩大到河南、浙江等省。

在河南省董寨，天边渐渐泛白之际，远山中传来"哦……哦……"的叫声，神秘大鸟的风姿渐渐展现，这是朱鹮来了。东山边淡粉色迷雾中，由远及近，1 只、2 只、3 只……这是一个 20 只以上的朱鹮种群，它们在空中变换着队形，时而聚集，时而分散，如同一片祥云，轻轻飘来。当地人讲，每天清晨它们都会从夜宿的灵山密林中飞来，在这里的稻田池塘中四下觅食。

美丽的朱鹮并没有人们想象中那样娇气，它们在干涸的稻田里与白鹭争食，在杂草丛生的荒地中与喜鹊为伴，在河流溪涧中与大鹅抢夺地盘。朱鹮在这里的种群十分稳定。它们的归来，让董寨的冬天变得生机勃勃；它们的归来，是中国在拯救世界濒危鸟类工作中创造的奇迹。

自20世纪90年代起，中国多次向日本赠送朱鹮，帮助日本进行朱鹮种群的恢复。2008年，来自陕西省洋县朱鹮繁育中心的朱鹮夫妇"洋洲"和"龙亭"远赴韩国，并于次年"喜得贵子"。2013年，中国再次向韩国赠送两只雄性朱鹮，用于联合繁殖研究。日本、韩国在中国的支持和帮助下也建立了野外种群。如今，全球朱鹮数量已扩展到7000多只，它们全部是在陕西省发现的7只野生朱鹮的后代。

从久远的农耕时代开始，朱鹮就与人类和谐共处。步入近代，人类社会的快速发展在不经意间使野生朱鹮繁衍所需要的自然生态日益恶化，朱鹮种群濒临灭绝。到了现代，最后7只野生朱鹮在中国陕西省被发现，"吉祥之鸟"再次回归人类视野，在人们更加自觉的悉心呵护下，朱鹮千鸟竞翔、飞向世界，这种吉祥之气必将与人类相伴相生，永远延续。

白冠长尾雉——中国特产珍禽

兼具观赏与鸣啼之美

　　白冠长尾雉为中国特有珍稀鸟种，是一种著名的观赏珍禽，也是国家一级重点保护野生动物，被《中国生物多样性红色名录》定为濒危物种，曾被专家提名为河南省省鸟。它分布在湖南、湖北、贵州、河南、安徽、陕西、四川、云南、重庆、甘

◇白冠长尾雉

肃等省（市），河南省的董寨国家级自然保护区和连康山国家级自然保护区，都将此物种列为主要保护对象。

白冠长尾雉属于鸡形目的雉科，常结小群活动于山地森林及其间的小块农田和杂灌丛间。为了保证雏鸟拥有较高的存活率，家族群倾向于选择隐蔽条件好、食物资源丰富、林型比较成熟、与水源距离较近的地方栖息、隐蔽和觅食。它是一种以植食为主的杂食性鸟类，在越冬期间以植物性食物为主，有时也食用蛾类、蝶类的幼虫和虫卵，是一种抑制森林虫害、维护生态平衡的益鸟。越冬期间，它的天敌主要为一些猛禽、狐、豹猫等。这时雌雄两性多分开结群活动，均选在背风的半山坳或山谷内夜宿。

白冠长尾雉体型匀称、羽色艳丽独特。雄鸟体长 140 ~ 190 厘米，雌鸟体长 60 ~ 70 厘米。雌鸟全身以灰褐色为主，夹杂黑色斑纹。在鸟类中，通常雄鸟比雌鸟更漂亮，原因是雌鸟要负担孵化养育后代的工作，如果雌鸟太鲜艳美丽，会更容易被天敌发现，不利于后代安全。白冠长尾雉不仅羽色不凡，还有着美妙歌喉，声音颤抖悦耳，可连续鸣啼十余次。

为礼乐文化增光添彩

白冠长尾雉最引人注目的是雄鸟的两条超长的中央尾羽，对于雄鸟来说，尾羽是求偶炫耀时漂亮的展示工具。尾羽被称为"雉翎"，也是京剧行头中的"翎子"。戏曲中的翎子，俗称

"野鸡翎"或"雉毛翎"，一般长 1.6~2 米，羽色艳丽光亮，插在头上显得人物英俊潇洒。

翎子不仅具有装饰性的美感，还可辅助动作表演，增强表演氛围。耍翎子的功夫被称为"翎子功"，耍翎子的技巧有：晃、抖、弹、掏、衔。如晃翎，戏曲演员依靠头部的动作使翎子有一定姿态的晃动，分"慢晃"和"快晃"两种。慢晃体现人物的得意扬

◇翎子

扬，摇头晃脑；快晃体现人物心潮起伏、激情荡漾。

在传统戏曲里，生、旦、净、末、丑诸行当都有插翎子的人物。一些能征善战的武将、番将、山寨大王、绿林好汉及神话剧中的武神等，佩戴的各式头冠上常配有翎子，演员借以更好地展示人物性格，揭示人物内心活动。将翎子插在武将头上做装扮，更显角色的威武雄壮，如《凤仪亭》中的吕布。

不过，在戏曲中插翎子十分讲究，并非所有人物皆可插翎

子。可插翎子的人物基本分为以下几类：英俊神武且气势较盛的青年将帅、武艺高强的女将、汉族以外的藩王藩将、古代的起义首领或草莽英雄、神仙及妖魔鬼怪、非正统王朝的一些武将等。青年将帅要求嗓音刚劲，又须能开打、善耍翎，也就是人们常说的雉尾生。戏曲讲究"俊翎反尾"，"尾"是挂在头部两侧的白色狐尾。"俊"指传统戏曲里英俊的青年将帅，他们在头上只插翎子不挂狐尾。"反"指非正统王朝的男女将帅及神仙妖怪等角色，他们的头上既插翎子又挂狐尾，以示角色身份之区别。刽子手或为害一方的山大王等人物，只插一根翎子，是贬义的表现。

其实，用翎子来表达舞蹈动作早在周代就已出现，只不过翎子是拿在手中的。据载古代帝王凡祭祀天地、祖先，表演宴乐时，分别有文舞与武舞。《诗经·国风·邶风·简兮》有"左手执龠，右手秉翟"一句，描述了文舞者左手执笛，吹响悠扬美妙的清音；右手持漂亮的雉鸡翎挥舞。翟，就是用尾羽制作的舞具。后来，翎子才被人们在表演时插在头上。

白冠长尾雉是国家一级重点保护野生动物，人们不能为获取雉翎去捕捉它们，应该在保护非物质文化遗产和保护濒危物种两个方面实现双赢。在获得有关机构的批准后，在被圈养的白冠长尾雉处于每年一度的换羽期时获取雉翎，是最为合理的方式。

◇白冠长尾雉

大别山中的精灵

美丽惊艳的超长尾羽刺激了出口标本和制作头饰、工艺品的需求增长，导致盗猎频繁发生，使原本数量稀少的白冠长尾雉面临更大的灭绝风险。白冠长尾雉主要的交配制度是"一雄多雌制"，且具有集群现象，白冠长尾雉两性异型，雌雄的体型尤其是羽色差别很大，雄鸟容易被天敌发现，增加了被猎杀的风险。此外，栖息地环境的变迁、人类活动的不断扩张，使白冠长尾雉的野生种群分布区面积迅速缩减，即使在国家级自然

◇蓝翡翠

保护区内，其生存状况也不乐观。

为了守护这个珍贵的精灵，位于大别山的河南省董寨国家级自然保护区和连康山国家级自然保护区可谓"煞费苦心"，对自然的善意和守护，也让这里的人们收获了宝贵的财富。

董寨国家级自然保护区地处豫、鄂两省交会之地，位于淮河南岸、大别山北麓，是中国一处观鸟、拍鸟的好地方，被誉为"鸟类乐园"。夏季，这里是鸟儿的育婴之所。山丘连绵、水道纵横，保护区的江南景致令人心旷神怡。这里有国家一级重点保护野生动物朱鹮、白冠长尾雉，还有号称"中国最美小鸟"的蓝喉蜂虎、被称为"鸟中营养专家"的蓝翡翠等。

山深不知处，但闻鸟语声。走进董寨国家级自然保护区，只见高鸟飞山林，鸮影匿于树。可爱的红角鸮静静地站在树枝间，忙碌的短脚鹎、卷尾鸟鸣警于高林之上，警惕并好奇地望着来客，像是对清梦被打扰表示不满。在田垄相望之间，人们可以看到一大群朱鹮在树杈间"开晨会"；傍晚，在山下密林之中，白冠长尾雉雄鸟带着自己的妻妾"打群架"；溪流间，蓝喉蜂虎在忙着抚育雏鸟；大雨中，蓝翡翠家中的孩子们在闹着内讧。这就是董寨的夏日风景。

过去，董寨国家级自然保护区所在的罗山县属于贫困县，是河南省扶贫开发重点县。如今，这里良好的自然生态环境、丰富的动植物资源、连山遍野的茶园，让笃信"绿水青山就是金山银山"的罗山人享受到保护环境带来的巨大红利，成功实现脱贫。

连康山国家级自然保护区是我国动植物南迁北移的缓冲带，生物多样性丰富，动植物区系复杂。这里树种多样，有高等植物 2000 多种，这里的脊椎动物有鱼类、两栖类、爬行类、鸟类和兽类，国家重点保护的野生动物种类丰富。

连康山国家级自然保护区建成了野生动物科研救护中心，积极开展白冠长尾雉救护、研究工作，不断成功救助并放飞白冠长尾雉。同时，其他受伤的野生动物，如大鲵、黄缘盒龟、果子狸、黄麂、狗獾等也得到了救助。

在凝聚多方保护力量的过程中，保护区的大气、水体环境得到良好改善，人与自然和谐共生，乡愁得以保留，吸引了更多人才回乡创业。

红腹锦鸡——传说中的凤凰原型

难得一见的"花容月貌"

　　静谧的山地中，阵阵神秘又连绵的鸣叫声从远处传来，令人忍不住循声而去，一睹花容。在鸟类世界里，最漂亮的雄鸟通常出自雉科，比如我们熟悉的孔雀、白冠长尾雉、环颈雉、红腹锦鸡等。雉科鸟的羽毛一般都很华美，看上去赏心悦目，但也多限于雄鸟。它们妻妾成群，子嗣繁盛。在活动时，总是由雌鸟先探路，发现情况没有异常，雄鸟才会雄赳赳、气昂昂地走出来，这是雉科鸟的一个共性。在中国，雉科鸟分布广泛，森林、平原、高原、山地、草原、湿地都有它们的身影，只是数量稀少。它们只在觅食、喝水的时候才会走出森林，求偶、育雏、打斗等往往在林间发生，很难被人们记录下来，因此，人们对它们的生活细节知之甚少。

　　作为传说中的凤凰原型，红腹锦鸡雄鸟的外形在雉科鸟中最令人惊艳，一旦出现，便会牢牢锁定人们的目光。红腹锦鸡是驰名中外的观赏鸟类，它的全身羽毛颜色互相衬托，赤橙黄绿青蓝紫俱全，绝对的光彩夺目。它的野外特征极明显，为中等体型，雄鸟头部有金黄色丝状冠羽，上背部为浓绿色，腰部

◇山地中的红腹锦鸡

如黄金一般耀眼，胸部至腹部为红色，体态优雅灵动，羽色艳丽。人们赋予其"金鸡"之名。雌鸟就低调了许多，头顶和后颈为黑褐色，身体其他部分的羽毛为棕黄色。

红腹锦鸡是中国的特有珍禽、国家二级重点保护野生动物，被《中国生物多样性红色名录》定为近危物种。由于红腹锦鸡的羽毛色彩艳丽，有时被人们作为各种工艺品和装饰品的原料，过去捕猎现象很严重，其种群数量曾经急剧减少。它分布在湖南、湖北、贵州、河南、陕西、四川、重庆、云南、甘肃等省（市）。雉科鸟通常体型比较大，飞行能力差，行动比较迟缓，而且数量稀少又普遍比较怕人，会隐藏在深山老林中不肯出来，所以红腹锦鸡的"花容月貌"在野外难得一见。要想一探究竟，就不得不走进深山之中。

轰轰烈烈的求偶炫耀

红腹锦鸡的婚配制度属于"一雄多雌制"，春天进入繁殖期后，雄鸟会占据领地，而且为了保卫领地，雄鸟之间经常发生打斗。有了领地后，雄鸟会通过高亢沙哑的叫声吸引雌鸟。一

◇红腹锦鸡

且遇到雌鸟，雄鸟就开始了轰轰烈烈的求偶炫耀。

　　求偶炫耀十分好看，属于"侧炫耀"。当雄鸟向雌鸟求爱时，华丽的羽毛都向身体的一侧蓬松展开，彩色披肩羽如同扇子一样打开，盖住头部，尾羽如孔雀开屏状展开，昂首阔步。雄鸟围绕雌鸟不停地转圈，要将全身五彩斑斓的羽毛和最漂亮的部位都呈现给雌鸟，进行各种展示和炫耀。雄鸟精彩的表演最长会持续几十分钟，有时还会有几只雄鸟向一只雌鸟求偶炫耀的场景。当雌鸟被雄鸟的一系列炫耀动作打动，会不时发出应叫。

◇红腹锦鸡

当雄鸟与雌鸟交配成功，雌鸟就要开始独立承担产卵、孵化、养育后代的工作。雌鸟在巢中等待雏鸟全部孵化后，就会带着雏鸟到处觅食、活动。雏鸟的身体颜色与雌鸟相似，低调得与周围环境融为一体，是非常好的保护色，有利于雌鸟和雏鸟的生存。

在我国一些地区有跳锦鸡舞的传统。相传在远古先民最早开田打猎、充饥度日的时候，锦鸡帮助他们获得了小米种，从而度过饥荒，生存了下来。为了感谢锦鸡，延续吉祥幸运，人们模仿锦鸡的模样打扮自己，又模仿锦鸡的求偶步态跳舞。至今，锦鸡舞仍在一些地区的祭祖活动中扮演重要的角色，在节日娱乐活动中也是重要的表演项目。舞蹈动作优雅流畅，酷似锦鸡在行乐觅食。

常居深林，深受追捧

红腹锦鸡代表着美好的寓意和祝福，虽常居深林，难得一见，却一直深受人们追捧，在多种多样的人类活动中，都占有一席之地。比如在二十四节气中，古人以 4 种鸟定四时：玄鸟定分，赵伯定至，青鸟定启，丹鸟定闭。丹鸟指锦鸡，看到锦鸡飞来，听到神秘连绵的鸣叫，便是立秋到了；看到它飞走，便是立冬来了。

中国动物学会鸟类学分会是中国鸟类学研究和鸟类保护的学术团体，致力于发展和推动中国鸟类学的科学研究，推广和普及鸟类学知识，促进濒危鸟类物种研究和保护。该分会从多种多样的鸟中选择了红腹锦鸡绘制会徽，可见红腹锦鸡在鸟类专家心目中的特殊地位。如果要评选中国的国鸟，相信代表吉祥寓意、外形亮丽的红腹锦鸡，应该是非常强势的竞争者。

锦鸡属除了红腹锦鸡，还有另外一种锦鸡——白腹锦鸡。现藏于北京故宫博物院的《芙蓉锦鸡图》上有一只不寻常的锦鸡，它兼具红腹锦鸡与白腹锦鸡的羽色特点，其实它是一只杂交个体。《芙蓉锦鸡图》是宋代一位没有留下姓名的画院高手创作的花鸟画，后由宋徽宗赵佶亲笔题诗，可见杂交锦鸡在很早以前就已经被人们发现了。

宋徽宗赵佶以瘦金体在画作右上题诗："秋劲拒霜盛，峨冠锦羽鸡。已知全五德，安逸胜凫鹥。"鸡在中国一向有"德禽"之称,《韩诗外传》记载"鸡有五德"："首戴冠者，文也；足搏距者，武也；敌在前敢斗者，勇也；得食相告者，仁也；守夜不失时者，信也。"可见其文武兼备、仁勇俱存、信守专一的性格为世人所欣赏，难怪宋徽宗赵佶题诗流露出对其品格的赞许，由此体现了中国花鸟画的人文寓意。

◇《芙蓉锦鸡图》（故宫博物院藏品）

鸳鸯——愿作鸳鸯不羡仙

成双成对的幸福伴侣

阳光暖洋洋地洒满水面，芦苇丛里不时传来骚动，随着声声"嘎嘎"的鸣叫，一群看起来像野鸭的鸟儿振翅飞出，在碧波上成双成对追逐嬉戏，伴着微风幸福鸣叫，这些快乐惬意的鸟儿就是鸳鸯。

◇鸳鸯

鸳指雄鸟，鸯指雌鸟，故鸳鸯为合成词。鸳鸯体型较小，雌雄异色，雄鸟嘴巴为红色，脚为黄色，羽色鲜艳而华丽，头上有艳丽的冠羽，眼后有宽阔的白色眉纹，后背上立有由翅膀生成的像帆一样的浅棕色直立羽，非常奇特和醒目，在野外极易辨认。雌鸟整体呈灰褐色，眼周白色，眼后有一条细细的白色眉纹。

鸳鸯在中国分布广泛，贵州、河南、湖北、湖南、四川、云南、陕西、甘肃、北京、天津、福建、上海、广东、澳门、香港、台湾等省（区、市）都能看到鸳鸯的身影。贵州省的石阡鸳鸯湖是中国最大的野生鸳鸯越冬栖息地，在 2011 年被授予"国家湿地公园"称号。虽然鸳鸯比较常见，但是，它可是国家二级重点保护野生动物，被《中国生物多样性红色名录》定为近危物种。

鸳鸯（左为雌鸟，右为雄鸟）

从"哥俩好"到"夫妻情"

　　鸳鸯在人们心中是恩爱的象征,"文采双鸳鸯,裁为合欢被,著以长相思,缘以结不解"。因为鸳鸯有如此美好的寓意,故人们常以鸳鸯为题材创作艺术作品,如玉雕、瓷器、书画等,甚至墨块上也有鸳鸯的身影。明初,有少数墨块上被施以金彩,万历时期,墨上施金错彩之风开始盛行,反映了当时崇尚豪华的社会风气。现藏于故宫博物院的方于鲁文彩双鸳鸯墨就是雕刻精致的典型之作。

◇方于鲁文彩双鸳鸯墨(故宫博物院藏品)

古绝句四首·其四

[两汉] 佚名

南山一桂树，上有双鸳鸯。

千年长交颈，欢爱不相忘。

　　但是，古人最初并不是用鸳鸯形容男女之情的，而是比喻和睦友好的兄弟之情，人们以鸳鸯之好来比喻盟约，后来逐渐引申为男女之情。

　　在中国现存编选最早的诗文总集《昭明文选》中有这样一句

诗："昔为鸳与鸯，今为参与辰。"意思是，以前就像是鸳鸯一样亲近的好兄弟，现在却如同参星和辰星（也称商星），分居东西两方，此出彼没，永远不能相聚。曹植作《释思赋》赠予弟弟时写道："乐鸳鸯之同池，羡比翼之共林。"赋中的鸳鸯也比喻兄弟。

用鸳鸯比喻男女之情始于唐代。鸳鸯在求偶期常是一雄一雌形影不离，雄鸟和雌鸟相互梳理羽毛，看起来非常亲密。观察到这种现象后，古人视鸳鸯为忠贞爱情的象征。

与王勃、杨炯、骆宾王并称为"初唐四杰"的诗人卢照邻，在《长安古意》中留下了一句追求爱情的坚定誓言："得成比目何辞死，愿作鸳鸯不羡仙。"这句话是历代传诵的千古名句，"只羡鸳鸯不羡仙"由此演化而来。卢照邻以鸳鸯比喻相伴到老的夫妻，之后文人竞相效仿。"池上鸳鸯鸟""水中比目鱼"常用来形容恋人或夫妇形影相随、深情眷恋。

其实鸳鸯并非白头偕老的"终生配偶"，在交配期，一雄一雌组成家庭，在一起交配、产卵、觅食、御敌，形影不离。交配后，雄鸟和雌鸟重获自由，在下一个交配期各自选择新的伴侣，再次体验亲密无间的幸福生活。

好山好水留鸳鸯

冬季到来，北鸟南飞。在贵州省遵义市凤冈县的黄泥塘水库，鸳鸯与前来越冬的其他候鸟一道，成为当地的别样景观。

天微微亮，深山绿幽处不时传来鸟啼。突然，一棵大树上传出"呼啦"一声，一个黑影从树梢飞翔而去。竟然是一只鸳鸯！通常，人们只在水面上看到鸳鸯，其实鸳鸯不但会上树，还会把自己的巢筑在树洞里，鸳鸯会选择紧靠水边的树洞筑巢，小鸳鸯孵出来后，雌鸟会带着它们一个接一个勇敢地从树洞跳

◇鸳鸯

下，再到附近的水域觅食。

　　太阳升起，黄泥塘水库渐渐现出真容，清冷的山风带来野草香气，零星的白鹭悠闲散步，水面陆续有鸳鸯浮现，它们两两相伴，相偎相依，并头浴羽。在水中央的绿色小岛上，几对鸳鸯慵懒地卧在沙滩上。当地规定任何人不得上岛，要与鸳鸯保持距离不干扰。

　　黄泥塘水库是当地人备用水和粮田灌溉的主要来源，也是野生动植物的生命之源。黄泥塘水库水草肥沃、湖水清澈、树木繁茂，能为鸳鸯提供绝佳的隐蔽、繁殖空间。2013年，一群迁徙的鸳鸯路过这里，从此在此安家落户，繁育后代，几年来，鸳鸯家族不断壮大。鸳鸯喜静，对水质也很挑剔，生态环境越来越好是留住鸳鸯的关键。为了保护这群留守的鸟儿，当地政府和村民功不可没，政府在环境治理方面不断投入，村民自发成立巡逻队，每天沿水库巡逻4千米。随着治理力度不断加大，森林覆盖率逐步上升，白鹭、野鸭、黄鹂……越来越多的候鸟出现在这里，黄泥塘水库更是成为不少鸟类栖息的乐园和候鸟迁徙的中转站。一幅美丽和谐的生态画卷缓缓展开，鸳鸯此起彼伏的幸福鸣叫声在青山绿水间越传越远。

仙八色鸫——鸟中小仙女

高颜值的易危鸟

有一种叫声婉转动听的"仙鸟",个头不大,身着八色羽毛,很多人一定没有见过。因为,它的个体存量在我国已经不足1000只了,并且匿身于深山老林之中。这种小鸟就是仙八色鸫。被誉为"鸟中仙女"的它,周身有8种颜色的羽毛,极具观赏价值。它被列为国家二级重点保护野生动物,被《中国生物多样性红色名录》定为易危物种,全球保有量不到1万只,所以非常珍贵。

仙八色鸫是中国的夏候鸟和旅鸟,分布在河南、江苏、江西、湖南、湖北、贵州、安徽、云南、广西等省(区)。这种鸟机敏胆怯,常在灌木下的草丛间单独活动。在中国繁育的仙八色鸫在入秋以后会带着幼鸟离开这里,前往加里曼丹岛越冬,来年春天再回来。它飞行直而低、速度较慢,多在地上跳跃行走,边走边觅食。其主要以昆虫为食,常在落叶丛中或以喙掘土觅食蚯蚓、蜈蚣及鳞翅目幼虫,也食鞘翅目等昆虫。

中国分布有8种八色鸫,它们是双辫八色鸫、蓝枕八色鸫、蓝背八色鸫、栗头八色鸫、蓝八色鸫、绿胸八色鸫、仙八色

◇仙八色鸫

鸫、蓝翅八色鸫，都是国家二级重点保护野生动物。

邂逅仙鸟夫妻

走进董寨茂密的山林，仿佛来到了仙人居住的地方。这幽静的林密山深之处，居住着几位"仙客"，它们身着华装、气宇轩昂，举手投足之间散发着一股令人心醉的"仙气"，这就是仙八色鸫。

这是一片葱郁的树林。在半山腰上，清晨的阳光洒在布满苔藓的石头上，给人带来一丝暖意，仙八色鸫喜欢这样的环境。一对仙八色鸫夫妻，在抚育一双儿女。这小小身躯的鸟儿不仅神奇地调制出色彩斑斓的 8 种羽色，还研究出非常经济的喂雏策略。仙八色鸫亲鸟每次回巢育雏，都衔着满嘴的蚯蚓、蠕虫、昆虫等食物，此举大大节省了奔波于食物采集地和鸟巢之间所消耗的时间和能量。它们在林下草丛中蹦蹦跳跳，以喙掘土，寻找蚯蚓等美食。终于，它们小小的嘴里叼满了食物，欢快兴奋地鸣叫几声，振翅回巢。

仙八色鸫每年的繁殖期在 5—7 月，有的营巢于密林中的树上，巢多置于树干分叉处，也有的在岩石上、树下草地里筑巢。双亲中的一只捕食归来，先警觉地观察巢穴四周的情况，并不急于喂雏。它久久地站在树枝隐蔽处，确定没有掠食者发现巢穴，等待另一方也捕食归来。当它们行进到布满苔藓的石头上，预示着很快就要入巢喂食了，四周一片寂静，好在没有出现惊

飞它们的变故，打破这成功前的最后一刻。确定安全后，它们
先后飞入巢中。有时，它们也会按照先后顺序分头行动。如果
夫妻一方在巢中喂雏，另一方就会在外面的树枝上等候。飞出
时，它们会及时带走雏鸟的粪便和食物残渣，以免蛇类、鼠类
闻到气味，追寻而来。

由于仙八色鸫的巢很简易，由枯枝、枯叶、苔藓、杂草等编织而成，很容易遭到攻击，即使它们靠自己的智慧来避免被攻击，也不能确保每次都管用。所以，它们的繁殖成功率并不高。

　　易危物种之所以数量稀少，原因是多方面的，除了物种本身适应环境的能力，还有许多的环境因素在限制着它们的繁衍发展。在众多的环境因素中，人们根据对某物种影响程度的大小依次排序。其中，影响最大的因素，在生态学中被称为"限制因子"，它是起到决定性作用的因子。八色鸫是典型的森林鸟类，它们赖以生存的栖息地是温带、亚热带的自然山地森林，林下要有灌木层和草被，地面还要有大量的树枝和落叶。枝叶及土壤中要藏有丰富的昆虫、蚯蚓、软体动物等。这些林地的丧失，是对八色鸫最为致命的打击。

绿尾虹雉——高山"彩虹"

一道掠过天空的"彩虹"

虹雉隶属于鸡形目雉科，因羽色华丽、泛着彩虹般的金属光泽而得名。我国共有 3 种虹雉：棕尾虹雉、白尾梢虹雉和绿尾虹雉，均为国家一级重点保护野生动物。

绿尾虹雉是中国生物多样性名片、中国特有大型鸟类，也是中国特有的高寒珍稀雉类，珍稀程度堪比大熊猫，被《中国生物多样性红色名录》定为濒危物种。它和大熊猫一样，都是在宝兴县邓池沟被发现并命名的。绿尾虹雉数量稀少、分布区狭窄，主要分布在四川省西北部海拔 3000 米以上的高山地带及周围青海、甘肃、西藏三省（区）的相邻地区。高山寒地云雾弥漫，人们总是难以见到它的真容，这无疑给绿尾虹雉增添了几分神秘感。

巴朗山位于卧龙自然保护区至四姑娘山风景区之间，地形复杂、山势险峻，云雾缠绕在山腰，山上是美丽的高山草甸，山下是幽深的原始森林。绿尾虹雉栖息在这里，它的羽毛缤纷如彩虹，身姿矫健如雄鹰。

巴朗山山民根据绿尾虹雉的特征与习性，称它为"鹰鸡""火炭鸡"。绿尾虹雉坚硬的喙部前端弯曲呈钩状，从头部

◇绿尾虹雉雄鸟

到翅膀，体型像鹰，雄健优美，眼神不怒自威。当它从高处滑翔而下，姿态像雄鹰，自带一种"鹰击长空"的气势，所以当地人叫它"鹰鸡"。

那么，它为什么会被叫作"火炭鸡"呢？绿尾虹雉雄鸟从颈部到腹部的羽毛颜色就像烧过的木炭一样黝黑，夹着鲜艳的羽色，当它在冬天的雪地里觅食，就像一团燃烧着的火炭。

绿尾虹雉雌雄长相差别大，雄鸟外表漂亮，令人惊艳，当它在天上滑翔的时候，就像一道彩虹掠过天空。雄鸟羽毛绚丽，身披十色锦缎羽毛。从头部到尾部，雄鸟的羽色逐渐过渡，从古铜色逐渐演替为蓝紫色、蓝色和绿色，在阳光的照耀下，还会泛着金属光泽。它的喉部至腹部的羽色泛着黑色的光泽，头上长着青绿色的冠羽，服帖地垂着，仿佛戴着一块"绿头巾"，尾巴也是绿色的，常翘起来。相比之下，雌鸟则长得十分低调，显得没有存在感。雌鸟的羽色黯淡朴素，以深栗色为主，夹杂着白色纹和黄色斑，就连尾部也是暗褐色的。

正名为青鸾，喜食川贝母

绿尾虹雉并非寻常"山鸡"，而是青鸾。据中国科学院动物研究所研究员郭郛在《中国古代动物学史》中考证："鸾"为虹雉，青鸾当为绿尾虹雉。李商隐的千古佳句"蓬山此去无多路，青鸟殷勤为探看"中的青鸟就是青鸾，也就是绿尾虹雉，诗句十分贴合青鸾所栖息的高山环境。

绿尾虹雉有垂直迁徙的习惯，每年秋冬季节，第一场冬雪降临到巴朗山后，绿尾虹雉会向下迁移到阳光充足的针叶林中，那里有溪流水源，也有充足的食物。第一场春雪到来后，绿尾虹雉会向上迁移到海拔 3500 米左右的高山灌丛一带活动、觅食。

绿尾虹雉是典型的以植食为食的鸟类，在高海拔的高山草甸和灌丛中靠挖掘植物的根、地下茎等地下部分为食。为适应这种生活，绿尾虹雉进化出了粗壮有力的弓形喙。春雪融化之后，气温有所回升，植物茂盛，植物的嫩叶、花蕾、嫩枝、幼芽和嫩茎丰富，绿尾虹雉能大快朵颐。

作为一名合格的"吃货"，绿尾虹雉专喜欢吃名贵草药川贝母。它坚硬锐利的喙，正好可以啄食长在地表下的川贝母鳞茎。当地山民上山挖川贝母时，使用的工具就是仿照绿尾虹雉的喙制作的锄头，叫作"贝母锄头"。平时人们很难见到绿尾虹雉刨地取食的景象，只有当地山民去挖川贝母时，偶尔才能遇见。

◇川贝母

求偶育子嗣

万物苏醒的春季，雄鸟明显比平时更活跃，绿尾虹雉的繁殖期到了。它们一般实行"一雄一雌制"。为了赢得雌鸟的青睐，在阳光灿烂的晴天，雄鸟总是在晨曦微露的时候站在凸出的悬崖山石上，伴着初升的太阳，用中气十足而又婉转悠远、响彻山谷的歌声向异性宣告自己的存在。那雄健的体态并着美丽的金属光泽，耀眼夺目，宛如远山迷雾中的彩虹。

雄鸟有一种特殊的求偶行为，就是在高处的陡崖炫耀绝妙的俯冲滑翔技艺。先是盘旋，后又俯冲，绿色的尾羽散开，伴着欢快的鸣叫。当雌鸟来到身边，雄鸟则会翘起绿尾巴，在晨

◇绿尾虹雉雌鸟

曦中跳舞，十色彩羽绚丽夺目，美得如梦似幻。

越是美丽的雄鸟，越能得到雌鸟青睐，不过这样的"炫耀式"求偶容易暴露自己，引来天敌。在自然界生存，美丽真是一种甜蜜的负担，时刻提防天敌已经成了绿尾虹雉的一种本能。哪怕是在求偶时，它们也要绷紧神经、小心谨慎。所以它们会选择在悬崖高处"谈恋爱"，利用清晨的雾霭打掩护。

5—6月，组建了小家庭的绿尾虹雉夫妻会在岩石、灌丛中筑巢，为繁殖雏鸟做准备。雌鸟负责产卵、孵卵，雄鸟负责警戒、守护。雏鸟出壳，亲鸟会带着雏鸟去觅食。到了7—8月，天气逐渐变热，雏鸟逐渐发育成幼鸟。当幼鸟可以短距离飞跃时，一家子会一起去觅食、活动，幼鸟在亲鸟的陪护下到草地中采食川贝母等植物。

以智解危难

美丽的事物总是有很强的吸引力，也容易暴露在天敌眼前。像雪鹑、藏雪鸡这些一年四季都生活在高山上的雉类，无论雌雄，其羽色都与它们的生活环境色彩融为一体，是最好的伪装。连绿尾虹雉雌鸟也选择了低调的长相，不显眼才能活得久。绿

◇雪鹑

尾虹雉雄鸟的羽色却格外亮丽醒目，好在它有特殊的生存技巧与策略。

绿尾虹雉跟其他高山雉类一样，一年四季都要尽可能地依靠森林、灌丛等植被和高山悬崖的庇护，确保栖址的隐蔽，保障午间休憩和夜晚栖息时的安全。在春、夏、秋三季，它还会利用山间浓雾、阴雨、雨夹雪等天气的掩护，外出觅食和远距离迁徙，让猛禽和肉食动物无法发现它的踪迹。

在繁殖季，春雪弥漫、积雪深厚，肉食动物在这一时期无法外出狩猎；又因为天气阴冷，猛禽也无法借助温热气流高飞盘旋觅食，所以雄鸟就习惯在此时外出鸣叫求偶。

为避免鲜艳的羽色引来敌人，绿尾虹雉会充分利用黎明和傍晚时段，在晨曦或暮霭的掩护下，在林间空地和灌丛中活动、觅食，尽量避免与高空猛禽同时段活动。即使在白天，它也喜欢在有凸出岩石的灌丛和悬崖周围的森林里活动，便于在遇到猛禽袭扰和肉食动物追击时纵身一跃滑翔逃生。

这些机智的生存策略与技巧，帮助绿尾虹雉有效避免了亮丽体羽带来的生存困扰，让它在美丽的巴朗山上自由自在地生活。

守护显成效

美丽的事物，需要人们共同守护。栖息地被破坏和非法捕猎是对绿尾虹雉最大的威胁，当地山民的放牧和采药等活动对绿尾虹雉适宜的栖息地造成一定程度的破坏，同时，牦牛放牧区不断扩大也使绿尾虹雉的栖息地越来越小。绿尾虹雉已极罕见，被《中国生物多样性红色名录》定为濒危物种，为了拯救这一濒危的美丽物种，绿尾虹雉的发现地和最大的圈养栖息地——雅安市宝兴县设立绿尾虹雉保护研究中心，对其进行人工繁育和野外放飞，这是中国首个绿尾虹雉保护研究中心。

2020年5月，位于石棉县境内的四川栗子坪国家级自然保护区内，山上积雪融化，大熊猫监测巡护队队员像往年一样，上山安装、收集红外相机，在收集2019年6月安装的红外相机时，获得了绿尾虹雉的珍贵图像。这是该保护区首次拍到珍稀程度堪比大熊猫的绿尾虹雉。

四川栗子坪国家级自然保护区被誉为"野生动物的天堂"，保护区内保存着较完整的森林植被及森林生态系统，生物多样性显著，珍稀濒危物种的种类较多，特有种类丰富。首次拍到绿尾虹雉，是该地区人们保护生态环境、守护珍稀物种的有力证明。

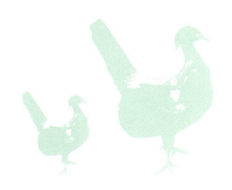

双角犀鸟——鸟界"模范丈夫"

伉俪情深

　　盘山而上，神秘的热带雨林中，在地面可以清晰地听见"唰……唰……"的振翅声，抬眼望去，有一种奇特而珍稀的大鸟在高空呼啸而过。它翼展超过 1 米，羽毛光泽亮丽，头上长有一个形似犀牛角的盔状突起，故得名犀鸟。

◇展翅飞翔的双角犀鸟

犀鸟属于热带亚热带森林鸟类，对栖息和繁衍的森林环境要求很高。中国的犀鸟共有5种，分别是双角犀鸟、冠斑犀鸟、白喉犀鸟、棕颈犀鸟、花冠皱盔犀鸟，仅在云南、广西和西藏等省（区）分布。犀鸟是大中型攀禽，喜食榕树果实，全身羽色以黑色、白色、棕色为主，雌雄基本同色。它有巨大的喙，有些种类的喙上还有中空的盔突，会形成声音的共鸣腔，因此声音粗犷而低沉。

犀鸟有"爱情鸟"之称，雌雄犀鸟结对后，遵循"一夫一妻制"，对爱情忠贞不渝。犀鸟的繁殖行为十分奇特，它们会在高大的树木上筑巢，雌鸟接受交配后在树洞中孵卵。为了保证后代安全，它们非常谨慎。雌鸟独自在洞内完成孵化的全过程，不会出洞，"专业水泥匠"雄鸟还会用泥巴混合果实、种子等将巢穴洞口糊起来，仅留一个能伸出嘴的小孔，以防蛇、蜥蜴和其他动物干扰雌鸟繁殖。在此期间，雄鸟不会休息，白天觅食投喂雌鸟，晚上守护在洞口，日复一日。待雏鸟出壳后，雌鸟就会离巢，重新封住洞口直至幼鸟长成。

捧起爱情鸟，引来八方客

曾经，犀鸟活跃在中国南部一些茂密的树林间，可渐渐地，只有在摄影师拍摄的照片上才能一睹它的倩影。《国家重点保护野生动物名录》将5种犀鸟全部列为国家一级重点保护野生动物，这表明对于犀鸟的保护工作尤为紧迫。但是，因为用犀鸟的头盔制成的工艺品美观且昂贵，所以盗猎和非法交易屡禁不止，由于犀鸟主要分布在偏远边境地区，犀鸟研究和保护管理任重道远。

云南省德宏傣族景颇族自治州盈江县自然资源丰富，有记录的鸟种数量约占全国一半，可谓"鸟类天堂"。盈江县依托丰富的鸟类资源，建设观鸟特色村寨、规定生态休养期、举办"国际观鸟节"……形成了独特的"观鸟旅游"大环境。位于盈江县的石梯村与缅甸山水相连，是南方古丝绸之路出境的重要通道，因在陡峭悬崖上开凿阶梯出行而得名。石梯村风景秀丽，云雾缭绕，森林覆盖率极高，是全国生物多样性最丰富、鸟类最集中的地区之一。在石梯村，犀鸟是不随季节迁徙的留鸟，多年来一直生活在村子附近的森林中，处于繁殖期的雄鸟会不停地回巢投喂食物，很容易被人类发现，但多年来石梯村周边的犀鸟种群数量并没有减少，这说明当地民众保护犀鸟的意识很强，当地的生态系统保存完好。这与当地民众通过智慧和劳动总结出的"石梯生态经验"密切相关。

当地立足丰富的鸟类资源发展观鸟旅游，不少村民变成"护鸟人"，有的到鸟类监测点当志愿者，有的从事餐饮、住宿等服务，他们当"鸟导"、吃"鸟饭"、赚"鸟钱"。快活的犀鸟惬意随性地展开翅膀和歌喉，犀鸟的动植物"邻居"也得以欣欣向荣，当地人的日子越过越好，成功走上脱贫致富

◇觅食归来的双角犀鸟

的道路。"石梯生态经验"也因此成功入选"美丽中国,我是行动者"十佳公众参与典型案例,将石梯村的声音传得更响、更远。

02 第二章

印象华南　彩莺翩啼

"哗……哗……"海岸上，只听得海浪一遍遍翻涌、冲刷的声音。天空无云，海水湛蓝，鸟儿沉浸在这海天一色的美景中，捕鱼、交友……时而传来几声快活的鸣叫。这里高温多雨、夏长冬短，日照时间长，终年不见霜雪，各种果实终年不绝，是中国动物种类繁盛的地区之一，这里就是华南。华南低山丘陵区将水网纵横、树木茂盛、四季常青、百花争艳的华南地域特色展现得淋漓尽致。

华南低山丘陵区包括海南省全部，以及福建、广东、广西、云南等省（区）的部分地区，红树林是这里的重点保护对象。

对红树林湿地的保护与修复，使国家一级重点保护野生动物、濒危物种黑脸琵鹭的栖息地面积和质量不断提升，深圳后海湾已成为黑脸琵鹭的全球第三大栖息地。灰孔雀雉曾是盗猎者的盘中餐，如今受到护林员严格的保护。日复一日深入高山密林，让土生土长的护林员感受到故乡的美好变化，体会到辛勤巡护的价值，意识到青山绿水就是故乡的绿色银行。颜值极高的蜂虎已成为海口市亮丽的生态名片之一，蜂虎保护的案例入选"生物多样性 100+ 全球典型案例"。五源河栗喉蜂虎保护被列为海南省六大生物多样性保护成果之一，与海南长臂猿、红树林等"明星物种"一起登上了联合国《生物多样性公约》第十五次缔约方大会的舞台，向世界展示我国生物多样性保护成果。

黑脸琵鹭——黑面舞者

脸色似碳，嘴形似勺

黑脸琵鹭仅见于亚洲东部，是国家一级重点保护野生动物，被《IUCN 红色名录》《中国生物多样性红色名录》定为濒危物种。它浑身羽毛都是白色的，嘴、前额、眼周等部位为黑色，形成了鲜明的"黑脸"，因扁平如汤匙状的长嘴像中国乐器中的琵

◇黑脸琵鹭

琶而得名，俗称"饭匙鸟"。它的分布区域极为狭窄，种群数量也极为稀少，是仅次于朱鹮的第二种最濒危的鹮科涉禽，全世界生态研究人员和观鸟爱好者对其高度关注。

黑脸琵鹭飞行时姿态优美，颈部和腿部伸直，有节奏地缓慢拍打着翅膀，因姿态优雅，故有"黑面天使""黑面舞者"的美称。平时寂静无声的它，只有在繁殖期才会展现活泼的一面。它在春季繁殖于韩国和中国东北等地区，冬季南迁至福建、广东、香港、海南及台湾等省（区）。它温顺沉静、机警怕人，从不主动攻击其他鸟类。它喜欢群居，有时单独活动，更多的时候结小群在海边潮间地带及红树林等地活动，有时会与苍鹭、白琵鹭等涉禽混杂在一起。白天，人们常能看见它悠闲地在滩涂的浅水处觅食，中午前后栖息在稀疏的红树林中。

海滨美食盛宴

冬季的福田红树林海边，给人留下深刻的印象。这里一派热闹的景象，大批的候鸟远道而来，在此云集，让人目不暇接。这里是一处富饶的鸟儿食场，由远及近，上上下下，鸟儿的密集程度让人无法相信。水鸟们叽叽喳喳、吵闹异常，它们逐浪而行、捕鱼为生、漫天飞舞。

红树林并不是红色的树林，而是生长在热带和亚热带海岸潮间带的一种特殊的常绿植物群落，有"海上森林"的美誉。虽然很多人对红树林不够熟悉，但它的作用却丝毫不因受关注程度低而减弱。它不仅可以提供薪柴，还能防风防浪、保护堤岸、净化环境，是重要的海滨牧场。红树林主要分布在江河入海口及沿海岸线的海湾内，具有陆地和水体两个生态系统的特性，是世界上最具特色的湿地生态系统，其他生态系统无法与其比拟。良好的生态环境使红树林成为许多留鸟和候鸟的重要栖息地。

◇红树林风光

福田红树林是中国面积最小的国家级自然保护区，这里是东半球候鸟的栖息地和迁徙途中的歇脚点，每年来这里的候鸟有 10 万～ 20 万只之多，非常壮观。为什么大批的候鸟会在冬季出现在这里呢？原因是这里有一片开阔的滩涂，从生态学的角度看，滩涂往往是生物资源丰富的地方，尤其是泥岸的滩涂，动植物的种类非常多。

◇黑脸琵鹭

　　在滨海地带的觅食舞台上，各种水鸟都会表演它们的拿手好戏，尽享食物充足、营养丰富的美食盛宴。不同种类的水鸟会用不同的捕食方式选择自己的大餐，可以说是各显其能。

　　站在离岸边较远的礁石上看鸟儿尽享美食盛宴，观鸟人的心也在随着鸟儿飞翔。涨潮时，遮天蔽日的鸥科鸟、鸬鹚科鸟登场，捕食随潮而上的鱼儿。潮水退去，滩面上、水洼中和被泥沙覆盖之处，鱼、虾、蟹、螺、贝、沙蚕等都是水鸟的美食。

　　一些小鱼爬上滩涂，这些小鱼叫作"弹涂鱼"，也叫"跳跳鱼"。弹涂鱼被称为"鱼类中的天才"，一生中有很多时间都不在水里度过，它居住的地方长满了红树林。潮水退去后，身上的保护色让它与滩涂融为一体，骗过捕食者的眼睛。它高兴地在红树林中觅食，爬到树干或树枝上去，用腹鳍作吸盘，以便抓住树木。但是，喜欢互相争斗的弱点还是让这样的天才成了水鸟的美餐。

琵嘴鸭喜欢用铲子般的大嘴在水中过滤觅食，而白琵鹭在浅水中迈着缓慢的步子，用嘴画着弧线在泥中探索着觅食。鹬科鸟、鸻科鸟，这些个头不大的小家伙会利用自己的长嘴在泥潭中猛戳。一阵猛吃后，它们会站在水中稍事休息，一脸心满意足的样子。

忽然，浅滩边出现一位比其他水鸟体型更大的独行者，它步履稳健，神态怡然，摆动着扁平而硕大的长喙在水中左右扫

◇涉水前进的黑脸琵鹭

动，原来是黑脸琵鹭。它的捕食方法和白琵鹭一样，把小铲子一样的长喙插入水中，半张着嘴，在浅水中一边涉水前进，一边左右晃动头部用嘴画着弧线在泥中扫荡，通过触觉，捕捉水底的鱼、虾、蟹、软体动物、水生昆虫等。

稀客"驾到"

冬季候鸟南飞。广东省沿海地区是候鸟乐园，尤其是广州市南沙区，这里的湿地生态环境优良，吸引大批候鸟来此地越冬、栖息、觅食。2020 年 12 月，52 只黑脸琵鹭在南沙湿地现身，为湿地增添了一道风景线。不过几日，在珠海市斗门区乾务镇的湿地上出现了多达 106 只的黑脸琵鹭，这是珠海市乃至大湾区西部有记录发现黑脸琵鹭以来最多的一次。这些黑脸琵鹭选择到此越冬，说明珠海市的滨海湿地对候鸟有着极其重要的意义，凸显珠海市近年生态环境不断优化的成效。近年来，随着新一轮"绿化广东大行动"和珠三角国家森林城市群等重点生态工程的推进，广东省的生态环境越来越好。

2004 年，黑脸琵鹭在海南省东方市四更镇面前海湾首次被监测记录到，自此东方市四更镇面前海湾成为黑脸琵鹭在中国的一个重要越冬地，并在 2006 年被设立为东方黑脸琵鹭省级自然保护区。2021 年 11 月，在海南新盈红树林国家湿地公园，潮水退去后，黑脸琵鹭成群出没觅食，开启"赶海"模式。在这里越冬的黑脸琵鹭数量创新高，达到 47 只。2021 年 12 月，昌江黎族自治县首次监测记录到 12 只黑脸琵鹭在湿地里休憩觅食，这也是昌江海尾国家湿地公园首次记录到国家一级保护鸟类。

近年来，黑脸琵鹭在海南省东寨港、新盈镇、儋州湾，以及东方黑脸琵鹭保护区等湿地区域多次被监测记录到。在万宁市东澳镇、海尾湿地公园也发现黑脸琵鹭停留的踪迹，这说明海南省对红树林湿地的保护与修复使黑脸琵鹭的栖息地面积和质量不断提升，这些区域可能有适合它越冬栖息的生境，黑脸琵鹭在海南省的越冬栖息地有望进一步扩大。

2021 年，世界上约有黑脸琵鹭 5200 只，数量为有记录以来最多。其中，有 60% 的黑脸琵鹭在台湾省越冬，而深圳后海湾成为黑脸琵鹭的全球第三大栖息地。全球黑脸琵鹭的数目正持续、稳定地上升。

绿孔雀——百鸟之王

文美兼备的"圣鸟"

"孔雀东南飞，五里一徘徊。"这句古诗提到的就是目前最为珍稀濒危的野生动物物种之一——绿孔雀。绿孔雀是中国现今

◇绿孔雀

唯一的本土原生孔雀、中国体型最大的雉类，被誉为"百鸟之王"。在中国，绿孔雀目前仅分布在云南省中部、西部和南部，种群数量约 600 只，是国家一级重点保护野生动物，被《中国生物多样性红色名录》定为极危物种，也是中国热带、亚热带河谷生境中典型的旗舰物种。

目前，全球共有 3 种孔雀，分别是绿孔雀、蓝孔雀和刚果孔雀。在外形上，绿孔雀与蓝孔雀有明显的不同。绿孔雀体型更大、羽冠呈簇形，蓝孔雀羽冠呈扇形；绿孔雀颈胸部羽毛为金属绿色、脸颊为黄色，蓝孔雀颈胸部羽毛为金属蓝色、脸颊为白色。

"圣鸟"孔雀被视为幸福、吉祥、智慧的象征。孔雀舞是人们非常喜爱、熟悉的舞蹈，也是变化和发展幅度较大的舞蹈之一。

当孔雀展开五彩缤纷、绚丽多彩的尾屏时，它身边的景物在它面前似乎也黯然失色。孔雀尾多呈扇状，尾上覆羽上有多个像眼睛的圆形图案，反射着阳光。它的美丽和文化内涵都早已深深融入了中华民族的传统文化中。明清时期，百官用补子表示品级。补子指官服中间绣着飞禽的一块织物，这块织物相当重要，代表了官员的不同身份、不同官阶。文官之中，一品绣仙鹤，二品绣锦鸡，三品绣孔雀。因此，赠送孔雀相关的礼品也有前程似锦的寓意。

孔雀是历代文人墨客不惜笔力为之挥毫泼墨的主角。《孔雀东南飞》是中国文学史上第一部长篇叙事诗，也是乐府诗发展史上的高峰之作，与南北朝的《木兰诗》并称为"乐府双璧"，后来，这两首诗又与唐代韦庄的《秦妇吟》并称为"乐府三绝"。

《孔雀东南飞》取材于东汉年间的一桩婚姻悲剧，讲述了焦仲卿、刘兰芝夫妇因封建礼教被迫分离并双双自杀的故事，不仅塑造了焦刘夫妇心心相印、坚贞不屈的形象，也把焦母的顽固和刘兄的蛮横刻画得入木三分。这首诗被后人历代传唱，成为艺术创作的不竭源泉。

◇孔雀舞

孔雀东南飞（节选）

［东汉］佚名

孔雀东南飞，五里一徘徊。

◇绿孔雀开屏

孔雀开屏

　　绿孔雀野外种群数量稀少，又很机警怕人，即便是专门从事绿孔雀研究和保护的人员，也不容易看到它。想看到绿孔雀需要有经验的人带领，还要有足够好的运气。每年的2—3月，是绿孔雀的"恋爱季"。清晨和傍晚，时常能在河谷附近听到"嘎——喔、嘎——喔"的声音，循声而去，雄孔雀在通过鸣叫相互确定各自的领域，并且吸引雌孔雀的到来。

　　倘若这叫声俘获了绿孔雀"妹子"的芳心，它就会到雄孔

◇孔雀尾羽

雀身边，一起觅食、嬉戏、啄食，相互间发出"咔咔"的交流声。接下来，雄孔雀便会原地转圈，展开尾屏并开始舞动。开屏是雄孔雀的"专利"，它卖力地向雌孔雀示爱、炫耀，尾屏上耀眼的眼状斑令雌鸟目眩，这曼妙的舞蹈会持续几十分钟。

不过，不是每一次的开屏都能让雌孔雀轻许芳心，有时雌孔雀会对此无动于衷，它在等待其他佳偶。

小种群，大保护

在云南省，群山与河谷纵横交错，景观与植被复杂多样，各

类珍稀动物、植物、微生物在这里繁衍生息，人与自然和谐相依，使这里成为全球著名的"植物王国""动物王国"和"世界花园"。

绿孔雀主要栖息于怒江、澜沧江与红河流域的山地，被国家及云南省列为极小种群物种加以保护，保护绿孔雀的同时也会保护栖息地的其他动物。为了加大力度保护绿孔雀，云南省制定了专门的绿孔雀保护实施方案。

2017 年以来，在绿孔雀集中分布的乡镇，村民组建巡护队守护绿孔雀。村民的保护意识越来越强。巡护员除了开展日常巡护，还为绿孔雀搭建了补食台、补水点，确保管护区内的绿孔雀食物及饮水充足、安全栖居。鸟类专家也经常面向村民开展培训，讲解如何在保护绿孔雀的同时，尽量减少对种群的干扰。

在云南省玉溪市元江县，位于中上游的河谷两侧存有大片

◇澜沧江百里长湖风光

◇绿孔雀

的季雨林。这一带的季雨林植被茂密，人类干扰活动少，是绿孔雀的理想家园。在位于元江县中上游的绿孔雀栖息地，人们布设的红外相机拍摄到雏雀在林中觅食的珍贵画面。经过这些年的努力，人们常能监测到新生的小孔雀。红外相机拍摄的照片、视频，见证了绿孔雀数量稳中有升、种群逐步扩大。

在楚雄彝族自治州双柏县恐龙河自然保护区，绿孔雀由零散分布转为在适宜分布区均有分布。在礼社江上游流域原来没有绿孔雀分布的区域，人们发现了绿孔雀种群。这些地区的自然资源得到有效保护，生态功能不断增强，为珍贵的绿孔雀提供了繁衍生息的家园。

灰孔雀雉——低调的"迷你版孔雀"

生死存亡之际已至

绿孔雀是属于雉科、孔雀属的鸟种，而在雉科中还有另一个与孔雀属近缘的属——孔雀雉属。

从体型上看，孔雀雉属的成员可以算是迷你版的孔雀。以灰孔雀雉为例，成年雄鸟的体长只有 65 厘米左右，体重最多 750 克，与孔雀相比体型悬殊极大。虽然孔雀雉属的成员体型比较小，但它们的种类在全世界多达 8 种。孔雀雉的环境适应能力较差，它们对环境条件的要求极为苛刻，最理想的生活环境是海拔 1500 米左右的热带雨林。所以，虽然孔雀雉属的种类多达 8 种，但是每一种的繁衍状况都令人担忧。

孔雀雉属中最漂亮的是凤冠孔雀雉，它已经到达了濒危的边缘。凤冠孔雀雉的兴亡也是整个孔雀雉属的缩影，这种体型中等的孔雀雉目前已经在多个国家和地区区域性灭绝。尽管它又名马来孔雀雉，但在马来西亚几乎也看不到野生凤冠孔雀雉的身影了。

貌不惊人的珍奇之鸟

在这8种孔雀雉中，仅有2种分布在中国，分别为：海南孔雀雉和灰孔雀雉。它们的长相远不及绿孔雀那么漂亮，但是在保护级别上它们却与稀有的绿孔雀一样，都是国家一级重点保护野生动物。它们的知名度很低，即便作为国家一级重点保护野生动物，知道它们的人也不多，而它们相对平庸的长相也容易让人误以为是普通的鸟类。

灰孔雀雉被《中国生物多样性红色名录》定为濒危物种，在中国仅分布于云南省西双版纳傣族自治州、德宏傣族景颇族自治州，以及海南省。雄鸟通体为乌褐色，羽毛上布满了棕

◇灰孔雀雉

白色细点和横斑，头上有蓬松的发状冠羽，点缀着黑白相间的小斑点，颈后披有乌褐色的翎领，上面有棕白色横斑。它的尾屏近似孔雀，在靠近尾上覆羽和尾羽近先端处有成对的紫色或翠绿色金属光泽的椭圆形眼状斑，这就是"孔雀雉"名字的由来。这些眼状斑还像一枚枚金币，所以它又被称为"金钱鸡"。灰孔雀雉的雌鸟比雄鸟略小，羽色也更黯淡，眼状斑不明显，尾短。

灰孔雀雉生活的区域主要在高山密林之中。它栖息在海拔1500米左右的热带雨林、季雨林及竹林中，常单独或成对活动，以昆虫、植物叶子与果实为食。它主要在地上取食，多用嘴啄食，偶尔也用脚刨找食物。它机警而胆怯。雄鸟尤为谨慎，活动时通常悄无声息。当发现异常情况时，伫立不动，谨慎观察。一旦发现危险，就立刻惊叫着奔逃，钻入茂密的灌丛或草丛，一般不起飞。当危险迫在眉睫，才通过飞行逃离，飞出几十米后随即降落，落地后继续奔逃。它一般很少飞到树上，但夜间却在树上栖息。灰孔雀雉叫声短促而高昂，而且越叫越响亮，声似"光贵、光贵"，所以傣语称之为"诺光贵"，"诺"在傣语中是"鸟"的意思。雄鸟领地意识很强，还会有准确的鸣叫地点。

守护故乡的"绿色银行"

由于羽毛绚烂、形态特殊、肉质鲜美，几十年来，灰孔雀雉经常遭到人类的捕杀，这对灰孔雀雉构成了很大的威胁。此外，由于橡胶、咖啡、茶叶等热带经济作物的种植和木材的开发利用，大面积的热带雨林和季雨林被砍伐，灰孔雀雉的栖息生境条件被严重破坏，致使它的数量变得十分稀少，已处于濒危的境地。如今，灰孔雀雉在高山密林间的生存得以保障，离不开护林员日复一日的辛勤巡护。

深秋时节的犀鸟谷中，山林翠绿，鸟鸣阵阵。一大早，护林员们走进茫茫林海，开启了巡山护林工作。在山里，不仅要忍受炎热和潮湿，还要防范蚂蟥的侵扰，甚至面对毒蛇、黑熊等野生动物的攻击。他们踏遍犀鸟谷的每条小路，无数次穿越山峰峡谷，对这片山林的一切情况了然于胸。科研人员来山里做调研时，经常请护林员当向导，虽然护林员通常是当地的村民，没有学习过专业的鸟类知识，但和科研人员交流的时间一长，也学到了许多专业知识，成了"土专家"。

日复一日深入高山密林，让土生土长的护林员最先感受到故乡的变化，体会到辛勤巡护的价值。灰孔雀雉、穿山甲、蜂猴曾是盗猎者的盘中餐，如今这些野生动物受到了严格的保护，种群数量有所增加，护林员在巡护途中与它们偶遇的频率也高了。以前毁林开荒、刀耕火种的粗放式生活不仅收入低，还会造成水土流失，现在，保护好一草一木、一山一水，当地人能呼吸到更新鲜的空气、喝到更干净的水。当守护好这片茂密的山林，也就守护好了故乡的"绿色银行"。

蓝喉蜂虎——中国最美小鸟

艳压群芳的蜜蜂杀手

  它是河南省等地的夏候鸟、海南省稀有的留鸟。它特立独行，不以树洞做巢，却在土质岩壁上用嘴和利爪挖洞为巢。它羽毛艳丽、色彩斑斓、活泼敏捷，善于疾飞骤停，能在空中做出急速飞行、滑翔、悬停、急速回转和仰俯等高难度动作，高空捕食昆虫的独门绝技令人拍案叫绝。它不仅是"跨国旅行家"，还是"鸟界选美冠军"，被选为国家二级重点保护野生动物、国家三有保护动物。它就是"中国最美小鸟"——蓝喉蜂虎。

  这种鸟头顶至上背为栗红色或棕色，贯眼纹是黑色的，黑色的嘴细长而尖，

◇蓝喉蜂虎

微向下弯曲，喉部为蓝色。它的腰部和尾羽呈蓝色，翅膀呈蓝绿色，中央尾羽延长成针状。

鸟类形态学上的特征，往往与它们的身体功能相关。许多飞捕昆虫的鸟常长有扁阔的嘴，口裂很大，嘴边有发达的口须，这些结构便于在空中飞行时捕到昆虫。雨燕、家燕、鹟类都具有此类特征，它们张开大嘴，在口须的协助下将空中正在飞行的小型昆虫吞入口中。

蓝喉蜂虎也以飞捕昆虫为生，但它的嘴却不是扁阔的，而是尖长下弯的样子，嘴边也没有发达的口须。鸟类的样貌和身体结构都是在长期的系统演化过程中按一定方向进化形成的。蓝喉蜂虎喜欢捕捉胡蜂、蝴蝶、蜻蜓等中大型昆虫，捕食的方式却不同于雨燕等鸟类，不是靠长时间在空中飞行徘徊捕虫，而是静立在干树枝或电线上，等候昆虫出现，发现猎物后，借灵巧快速的飞行技巧，用尖尖的嘴稳、准、快地啄住昆虫，然后飞回原处，再利用尖嘴在树枝上摔打加工猎物。这种捕食方式，并不需要宽扁的嘴和发达的口须。

蓝喉蜂虎来自颜值极高的蜂虎家族，它的近亲，如蓝须蜂虎、栗头蜂虎、栗喉蜂虎、黄喉蜂虎及绿喉蜂虎等，都很美丽。蜂虎由于羽毛艳丽且习性有趣，深受观鸟者和摄影爱好者的喜爱。然而，蜂虎似乎总是神神秘秘、躲躲闪闪，不愿意轻易示人。在中国，黄喉蜂虎仅出没于新疆维吾尔自治区；想找绿喉蜂虎和栗喉蜂虎，就只能跑到云南省去；若想与蓝喉蜂虎亲密接触，则可以去董寨的大山中寻觅其芳踪，它们每年都来这里繁育后代。

忙碌终日的幸福父母

　　4—7月是蓝喉蜂虎的繁殖期，沙地之中、河流之旁是它筑巢的必要条件。它细而尖的嘴是挖洞利器，它的巢筑在洞里，这样可以抵御雨水的倒灌、外敌的入侵。成功与蓝喉蜂虎"约会"并不简单，必须要选好日子、找对地方、隐藏好自己。如果运气好，就能发现它们的身影，往往不止一两只，而是一群。当然，在雄鸟占区寻找配偶以后，情况就不一样了。

◇蓝喉蜂虎

每值夏初，董寨山岭葱郁，河水潺潺，树木茂盛，花草盛开，蜜蜂、蝴蝶、蜻蜓等昆虫上下翩飞。清晨的薄雾笼罩在荷塘之上，蓝喉蜂虎幼鸟饿得叽叽喳喳叫个不停，它们需要及时补充能量，这是亲鸟最忙碌的时候。这里的昆虫正是幼鸟的理想佳肴，于是，在初夏时节赶到这里生儿育女的蓝喉蜂虎每天要为了孩子一刻不停地忙碌。在繁殖前期，亲鸟为雏鸟捕食的主要猎物是蜂类，到了繁殖后期，会变为蝶类和蜻蜓类。

◇捕到食物的蓝喉蜂虎

致力蜂虎保护，登上世界舞台

海口市西海岸一带是栗喉蜂虎和蓝喉蜂虎的繁殖地。早在2018年，在位于海口市西海岸的五源河国家湿地公园旁，人们发现20多只蜂虎在这里筑巢繁殖，引起社会广泛关注，五源河国家湿地公园也由此成为距离市区最近的蜂虎栖息地。

2019年4月，海口市政府设立了五源河下游蜂虎保护小区。为了进一步保护蜂虎，当地对蜂虎保护小区进行了小规模的生境营造：修整出可供蜂虎筑巢的沙土坡面，将坡面杂草清理干净，种植乡土植物引来蜂虎爱吃的昆虫，开挖水沟营造人工湿地。为了降低人类活动对蜂虎繁殖的影响并且方便人们观赏这种美丽的小鸟，这里还搭建了观鸟棚。在当年，蜂虎保护小区的蜂虎数量很快增至56只。2021年，蜂虎保护小区接受了第二轮生境改造，蜂虎栖息地规模扩大了1倍，蜂虎数量也增加至72只，是海口市西海岸数量最多的蜂虎集群繁殖地。

蜂虎保护小区是海南省第一个政府与基金会、社会组织、志愿者共建共管的保护地，也是第一个城市中吸引受胁鸟类——蜂虎的繁殖地、保护地。邻近城市中心、合理利用湿地、依托社会服务的优势，使这里很快成为融市民休闲游憩、湿地自然教育、生态文明教育为一体的热门场所。

近年来，海口市的蜂虎数量每年稳步增加。蜂虎已经成为海口市亮丽的生态名片之一，吸引全国各地摄影爱好者前来拍摄。2019 年起连续举办的蜂虎摄影大赛，收到良好的社会反响，成为建设"国际湿地城市"的亮点。海口市蜂虎保护的案例从全球 26 个国家的 258 个申报案例中脱颖而出，入选由《生物多样性公约》秘书处等机构指导、征集的"生物多样性 100+ 全球典型案例"。五源河栗喉蜂虎保护被列为海南省六大生物多样性保护成果之一，与海南长臂猿等"明星物种"一起登上了联合国《生物多样性公约》第十五次缔约方大会的舞台，向世界展示了我国生物多样性保护成果。

红胁绣眼鸟——山樱花的造访者

鸟鸣正秋风

叶子黄了，果子熟了，金色的芦苇散发着秋日的温情，飒飒秋风间传来了鸟鸣。秋天赋予鸟儿一种特殊使命，用一场盛大的音乐会来送别炎炎夏日。

夏季繁忙的育雏工作终于结束了，北方天气逐渐转凉，鸟儿中的大部分成员开始准备南迁。它们有的带着刚刚成年的孩子，有的形单影只、独自赶路。不管是集群出发还是独自上路，它们都神态怡然，悠闲地寻找着食物，享受着秋日的阳光，完全没有春季北去时那种急迫感。有些今年出生的幼鸟不知江湖险恶，愣头愣脑地在树间草丛中乱窜，经常置身于险境。更多的鸟儿会选择集体南迁，这时幼鸟依旧可以待在亲鸟身边，学习捕食、飞翔和规避危险。亲鸟有时被这些顽皮的幼鸟闹得很烦心，忍不住出手"教育"。由于它们的存在，秋天变得如此喧嚣热闹、和谐温馨，充满生气。

鸟儿南迁的时间并不统一，从初秋、仲秋到暮秋，都有大批候鸟踏上征程。树上成熟的果子、苇间饱满的种子、田地间遗留的谷物、河湖中肥美的鱼虾，都是它们合口的美食。所以，它们的步履在秋季从来都是不慌不忙，从容潇洒，一扫夏季那种疲惫、焦虑、忙乱的生活节奏。金色的秋天，大部分鸟儿会换上一身新羽，焕发青春、神气活现，与多彩的秋色相映成辉。

鸟与木的默契合作

一群途经的鸟儿飞来，宣示着寒冬已然迫近。一种比人们熟知的麻雀还要小的鸣禽——红胁绣眼鸟出现了，它是中国名鸟的一种，它为了金银木果而来。它乖巧的身姿、张扬的个性、依恋的亲昵，让人顿生爱意，给人们留下深刻的印象。

金银木果透过清晨的阳光，把自己装扮得鲜活漂亮，来引诱这些贪嘴的小家伙。鸟儿随意地摘取晶莹剔透的红果，促进肠胃的消化，在南迁的旅途中储存足够的能量。果子需要鸟儿的协助，将种子传播到更远的地方，这是它们之间的一种默契。红胁绣眼鸟摘取果子的样子十分有趣，左拧拧、右转转，再轻轻一拽，果子就摘下来了，如果摘不下来，还会捣碎了吃。红胁绣眼鸟的主食，还包括藏匿在叶片间的蚜虫、毛虫、甲虫等。清理有病虫的叶子，摘取成熟的果子，是它来到这里的主要工作。叽叽喳喳的喧闹，点亮了这如火的秋林。

红胁绣眼鸟体型小，羽毛多彩美丽，过去常被人们作为笼养观赏鸟之一，种群数量受到人为捕捉的严重影响。被列为国家二级重点保护野生动物、国家三有保护动物后，红胁绣眼鸟得到了进一步的保护。它的分布范围广，种群数量趋势稳定，

◇红胁绣眼鸟

因此保护它们会产生明显的效果。

它主要栖息于阔叶林、竹林中，有时也栖息在果园、林缘、村寨和道路边高大的树上。它在野外喜欢吃小虫、甜食和浆果，有时与暗绿绣眼鸟混群。不过它的两胁呈显著的栗红色，与其他绣眼鸟极易区别。

山樱花和采花盗

闽南的山中有一种落叶乔木，树高 3~8 米，花色粉红，结花如海，这就是山樱花。山樱花育成品种少，所以非常珍贵。

山樱花所有的花朵都是向下开的，像挂钟一样。蜂类、鸟类都是它的"忠实粉丝"，结伴而来，络绎不绝，喧闹于枝头之上。

正月里北方地区天寒地冻，福州国家森林公园却是百花盛开，山上山下一片山樱花的花海，山间溪流潺潺，冬雨连绵，鸟鸣不绝，让人心旷神怡。人们在这里停下脚步，拍照留念，享受冬日的温暖。在花枝上，也是一番热闹景象。蜜蜂在花间采蜜、叉尾太阳鸟也来抢食，橙腹叶鹎则站在高枝上，警告下方的太阳鸟、绣眼鸟，让它们赶快离开自己的领地。一些吸食花蜜的鸟儿，不仅羽色非常鲜艳，而且鸟喙和舌头也很奇特，喙长而舌头成管状，可以轻而易举地将花蜜吮吸到自己的肚子里。

人们一直以为，只有太阳鸟科与和平鸟科的鸟儿才会贪食花蜜。其实不然，这里经常出现绿翅短脚鹎和栗背短脚鹎的身影，而且还是结群而来。

◇叉尾太阳鸟

◇橙腹叶鹎

这下就热闹了，橙腹叶鹎为了守住阵地，开始驱离这些不速之客，双方你来我往，争斗不息。太阳鸟、绣眼鸟一见有机可乘，立刻钻进花丛，使出浑身解数，大快朵颐。

　　绣眼鸟就像逛庙会一样，呼哨而来，结伴而去。橙腹叶鹎一出现，它们暂且避让，忽而向东，忽而向西，引逗着橙腹叶鹎，为其他伙伴创造进食条件。这种团队合作十分稳固有效，橙腹叶鹎晕头转向，疲于奔命，很快就对绣眼鸟听之任之了。绣眼鸟取食的方式最多样，有单杠的运动、高低杠的技巧、平衡木的走位、鞍马的跳跃，以求竭尽所能、快速进食。

金丝燕——似曾相识燕归来

鸟类中的"游牧民族"

"小燕子，穿花衣，年年春天来这里。我问燕子你为啥来？燕子说：'这里的春天最美丽！'"燕子是候鸟，它的故乡在北方，五行学说认为北方色玄，因此古人叫它"玄鸟"。燕子随季节变化而迁徙，俗话说，"大雁不过九月九，小燕不过三月三"，

◇短嘴金丝燕

在北方的大雁一般会在农历九月初九前飞往南方过冬，而南方的燕子则会在农历三月初三前从南方返回北方。燕子喜欢成双成对出入农家屋内或屋檐下，很愿意接近人类，人类也非常爱护这种鸟。因此燕子经常出现在古诗词中，有惜春伤秋、渲染离愁、寄托相思、感伤时事等丰富的意向。

燕子会在树洞或树缝中营巢，在沙岸上钻穴，有些种类的燕子还会在城乡把泥粘在楼道、房顶、屋檐的墙上或突出部位为巢。它们主要以蚊、蝇等昆虫为食，消耗大量时间在空中捕捉害虫，是众所周知的益鸟。在北方的冬季没有飞虫可供燕子捕食，燕子不能像啄木鸟那样去发掘潜伏的幼虫、虫蛹和虫卵。食物的

◇短嘴金丝燕

绝句二首·其一

[唐]杜甫

迟日江山丽，春风花草香。

泥融飞燕子，沙暖睡鸳鸯。

匮乏使燕子不得不每年进行一次秋去春来的南北大迁徙，以获得更广阔的生存空间。于是，燕子就成了鸟类中的"游牧民族"。

人们常说的燕子，不仅有雀形目中种类很多的燕科鸟类，还有夜鹰目中雨燕科的许多种类。因为这两类鸟在外形上，尤其在飞行时非常相像，所以被人们统称为"燕子"。

雨燕科的金丝燕属一般都是灵动轻巧的小鸟，比家燕小，也比较轻，雌雄外形相似。它们的羽色上体呈褐色至黑色，带金丝光泽，下体灰白或纯白。金丝燕属中的爪哇金丝燕为国家二级重点保护野生动物、国家三有保护动物，被《中国生物多样性红色名录》定为极危物种，短嘴金丝燕、大金丝燕也是国家三有保护动物。

金丝燕不擅长行走和握枝，更擅长抓附岩石的垂直面。它通常在沿海岛屿中幽深黑暗的岩洞内筑巢，嘴里能分泌出一种有黏性的唾液，金丝燕通过唾液在空气中凝成固体筑造半月形的燕巢，形状像人的耳朵。通常一个岩洞内会聚集成千上万只金丝燕，最少的也有几百对，它们的燕巢密密麻麻挤靠在一起。金丝燕有非常敏锐的视觉和回声定位能力，所以能在黑暗的岩洞中飞行自如，不会找不到自己的巢。

燕都、燕岩、燕子节

位于广东省肇庆市怀集县桥头镇的燕岩风景区，山峰俊美、形态奇特，被称为"天然的岩洞博物馆"。燕岩是桥头风景区多个岩洞中最大、最有气势的一个，从明代开始就有大量的燕子聚居于此。如今，这里栖息着数十万只金丝燕，还是中国内陆鲜有的有金丝燕栖息的地方，被誉为"岭南燕都"，形成了独特的岭南记忆。

金丝燕对栖息环境要求严格，需要有热带气候、充足阳光、丰富食料、安全环境。它主要分布在东南亚和太平洋海岛上，中国南海诸岛也是它的一个大本营。怀集县距这些海岛遥远，它却不远万里深入内陆，选中桥头燕岩作为家园之一，这并非偶然。这里自然和人文地理环境和谐，形成优越生态环境，并且一直保持着良性循环和可持续发展，为金丝燕提供了优良的生存、繁衍条件，从古至今，长盛不衰。

农历六月初六是怀集县燕岩的"燕子节"，这是桥头镇的传统节日，又称"耍岩节"。这一天，附近十里八乡的人们、从远方慕名而来的游客云集于此，游人如织，好不热闹。大家聚在一起观赏"千燕出穴、万燕归巢"的奇观，感受民俗文化风情。岩洞内曲径通幽，一条溪流横穿洞穴，金丝燕上下翻飞，石笋、石柱、石钟等倒映在溪水之中。

燕子节是一个相当热闹的节日，当地还有在这一天逛庙会的习俗。除了观赏岩洞美景，人们还能看到富有当地特色的节目，比如山歌对唱、斗牛舞、贵儿戏、壮狮舞、春牛舞等。在燕子节，贵儿戏是游客不可错过的经典节目。贵儿戏已有约200年历史，是桥头镇特有的传统剧种，由民歌说唱发展为多人的有故事情节的地方戏剧。

燕子节的最大看点莫过于勇士徒手攀岩的绝技。勇士们神出鬼没，时而似猿猴攀爬，时而似燕子翻飞，时而隐没洞中，时而探头伸足，远胜任何杂技表演！为使徒手攀岩的技艺发扬光大，2003年桥头镇建立了国际攀岩基地。徒手攀岩的绝技来自先辈传下来的攀岩采燕窝的技艺。如今，金丝燕属国家保护动物，当地已采取措施对金丝燕加以保护。

闯关探新路，守护大洲岛

大洲岛位于海南省万宁市东南部的海面上，沙滩细软、石奇海美，是环海南省沿海线上最大的一座荒岛和唯一一处国家

◇爪哇金丝燕

级海洋自然生态保护区，被称为"海南第一岛"。大洲岛周围海域海水清澈，如果潜水的话，可以清晰地看到色彩斑斓的海底世界。"独洲山，在州东南海中，南番诸国入贡，视此山为表。"《乾隆府厅州县图志》中记载的独洲山，就是今天的大洲岛。在历史上，它被视为海上丝绸之路上的重要航海标志，是古代番船进入中国境内的象征，曾经还是通往东南亚国家的海上必经要道，大洲岛浅海中至今可见的古沉船也在印证着这段历史。

大洲岛是中国唯一有金丝燕长期栖息的岛屿。每年 11 月到次年的 7 月，这里气候温暖、干燥，成群的金丝燕飞到大洲岛筑巢避冬。大洲岛曾有上百个洞穴栖息着金丝燕，金丝燕产卵和育雏都在窝内进行，如果在金丝燕繁殖期采摘燕窝，会严重妨碍金丝燕繁殖，同时也会对它们造成惊扰。至少持续数百年的燕窝采摘历史令金丝燕生活的环境遭到严重破坏，大洲岛金丝燕种群濒临灭绝。

多年来，采摘燕窝、过度捕捞与居住活动等人类活动不断扰动大洲岛生态系统，不仅导致金丝燕数量骤减，也使渔业资源日渐枯竭，打破了大洲岛原本趋于平衡的生态系统。燕群远去、海底荒芜、环境恶化。为了保护大洲岛的珍稀物种——金丝燕，1983 年，万宁市在大洲岛建立了县级自然保护区。1990 年，国务院正式批准大洲岛为国家级海洋自然生态保护区。当地人开始了道阻且长的摸索与实践，不断闯关探路，加强守岛力量，与闯岛者斗智斗勇。人们拆掉了采摘燕窝的工具，拆掉避风棚，越来越多的渔民选择退场，所有住岛居民全部撤离。第二代护岛员也从父辈手里接过了接力棒。大洲岛恢复了宁静，保持着原始状态，这样的热带海岛海洋生态系统在中国非常稀少。

现在，偶有黑色的金丝燕从石壁中掠出，发出似针在梳子上横拉而过的"嗒嗒"声，已经算是岛上难得的"喧嚣"时刻。宁静的大洲岛上不仅肆意生长着血叶兰、墨兰等兰科植物，以及海南苏铁、水芫花、海南龙血树等珍稀植物，还迎来了噪鹃、夜鹭、白额燕鸥等几十种新的鸟类住客。大洲岛少有人为干扰的环境为金丝燕提供了绝佳的栖息与繁殖空间。

然而，大洲岛金丝燕种群的数量依然不多，恢复生态系统多样性才能再现金丝燕安心繁衍的美丽家园。对于大洲岛金丝燕的研究和保护还在继续，人们开始把目光投向大洲岛山岭上的植被、海中的珊瑚与海草。从曾经的航海标志到燕窝岛，再到如今的海洋自然生态保护区，大洲岛见证了万宁人与海洋的相处方式。金丝燕在小岛上空无忧无虑飞翔的身姿，仿佛在向人们昭告，这里是它们安心生活的家园。

第三章

东海之滨　沙禽翔集

"潮鱼时跃浪，沙禽鸣欲飞。"在华东华中丘陵平原区，历史文物之都、名人荟萃之地多不胜数。在人们的印象中，这里不仅是令人无限向往的鱼米之乡、富庶之地，还是山清水秀、万物共生的和谐家园。

华东华中丘陵平原区包括上海市、浙江省和江西省全部，以及江苏、安徽、福建、河南、湖北、湖南、广东、广西等省（区）的部分地区，沿江、沿海湿地和丹顶鹤、白鹤等越冬地是这里的保护重点。

对湿地生态环境变化最敏感的指示动物丹顶鹤，它的迁徙通道恰好在中国人口稠密、经济快速发展的东部沿海地区，它的迁徙不仅见证着保护区生态环境的改善，也见证着迁飞路线上停歇地的生境变迁，更见证着人们爱鸟、护鸟的成绩，以及对待自然万物的态度的变化。"两个黄鹂鸣翠柳，一行白鹭上青天。"厦门市对白鹭栖息地的保护，使白鹭成为这里的城市名片。同样为保护白鹭，东营市政府改变了原本的建设规划，投资增加 5000 万元，让经济建设为生态环境"让路"，绘就了黄河新画卷。

丹顶鹤——湿地之神

形雅声亮舞姿美

鹤科是鸟类中一个古老的科，比人类要早 6000 万年。全世界共有 15 种鹤。其中，丹顶鹤是我国生物多样性名片之一，属于国家一级重点保护野生动物，被《中国生物多样性红色名录》定为濒危物种。

丹顶鹤最有特点的就是红色的头顶，这片红色并不来源于羽毛。它的头顶缺少羽毛，毛细血管特别丰富，裸露的皮肤上布满因充血而变红的小肉瘤，形成了丹顶。雏鸟和幼鸟没有醒目的丹顶，全身呈棕黄色，随着不断成熟，头顶开始"脱发"，丹顶慢慢浮现，不仅没有影响气质，反而增添了一抹鲜活的亮色。成年雄鸟的丹顶比雌鸟更鲜艳，在繁殖期尤甚。头顶越红的雄鸟越能吸引雌鸟，原因是头顶的红色是年轻力壮、身体健康的证明。如果丹顶鹤衰老生病，头顶的红色就会变得黯淡无光。

作为传说中的仙鹤，丹顶鹤体态优雅、超凡脱俗，因此，如果一个人仪表出众、气度不凡，就可用"鹤立鸡群"来形容。丹顶鹤是一种生活在沼泽或浅水地带的大型涉禽，以喙、颈、后肢三长著称。这样的身体结构使丹顶鹤在沼泽和低洼地带具有强大的生存本领，细长的腿脚可以让它在泥地里行动自如，同时探测浑浊泥水中的食物，细长的喙、颈则可让它轻而易举地捕捉鱼、虾、螺、蚌等，它也因此获得了"湿地之神"的雅称。

丹顶鹤十分谨慎，为了提防敌害，夜间在环水的浅滩上或苇塘边栖息时不敢卧睡，总爱单

◇丹顶鹤

腿轮流站立休息，看上去亭亭玉立。这样不仅视野开阔易发现敌害，而且一旦敌害来袭，即刻便能展翅高飞快速逃生。此外，由于一条腿靠近温暖的身体并被羽毛覆盖，单腿站立比双腿站立的热量散失会少得多。

春光明媚的 4 月是丹顶鹤择偶交配的最佳时节。这时，发情期的雄鸟主动求爱，优雅地昂首向天，炫耀着头顶鲜红的

"肉冠"，频繁地扇动雪白的双翅，雌鸟则积极应和。当它们展开美丽的双翅翩翩起舞时，那雪白的身躯、高贵的丹顶、修长的双腿、优雅的舞姿，就如水墨交融在宣纸上的韵动。它们相互嬉戏、鞠躬衔物、引颈高歌、振翅欲飞……在阳光的映照下，水波中的舞步婀娜多姿、令人着迷。丹顶鹤是"一夫一妻制"的典型代表，它们一旦选中配偶，就将共同筑巢、孵卵、育雏，终生不离不弃。

丹顶鹤不仅清秀雅致、舞姿优美、风神秀爽，而且鸣声格外高昂嘹亮、音调和谐、意境优美。丹顶鹤鸣唱的天赋源于其特殊而奇妙的发音器官：长颈里长长的气管延续到胸部，在胸骨里作复杂的卷曲盘绕，然后由此分成两条能发声的支气管，再通过若干的支气管分支入肺。《诗经·小雅·鹤鸣》有"鹤鸣于九皋，声闻于天"一句，这是指丹顶鹤鸣声高亢而洪亮，深远而清响，传播力、穿透力极强。当它在天空中飞翔时，往往未见其影，先闻其声。"丹砂结顶烨有辉，咳唾璀错生珠玑。"在刘伯温的眼中，声声鹤鸣可与丹顶媲美。曼妙的舞姿和声声鹤鸣，给地球带来了无限的生机。

留下遗憾的一品鸟

丹顶鹤不仅拥有坚贞纯洁的爱情，而且寿命长达五六十年，是鸟类中的长寿代表。"鹤寿千岁，以极其游"，仙鹤寿长，所以能游遍天下。人们把仙鹤与苍松联系起来，以"松鹤延年"

◇《竹鹤图》（故宫博物院藏品）

秋词二首·其一

[唐]刘禹锡

自古逢秋悲寂寥，我言秋日胜春朝。

晴空一鹤排云上，便引诗情到碧霄。

来祝愿老人长寿。在传统文化中，丹顶鹤还被赋予忠贞清正、严谨担当、情操高雅等文化内涵。在明清的官服补子上，文官绣禽，武官绘兽。一品文官的官服补子上绣的是仙鹤，所以，丹顶鹤也被称为"一品鸟"。

仙鹤有祥瑞福寿的美好寓意，有关仙鹤的画作历来众多，如宋徽宗赵佶所作的栩栩如生的《瑞鹤图》、边景昭所绘的《竹鹤图》等。《竹鹤图》中一对仙鹤姿态优雅、轩昂高洁，在翠竹间怡然自得。仙鹤的头颈与翅尖（尾羽之上）处用重墨，鹤顶上用一点丹红，格外醒目，承继了宋代画院花鸟画的富贵品貌，带有浓郁的宫廷气息。

丹顶鹤虽祥瑞福寿，却留有遗憾。曾有多位人民代表大会代表提议将丹顶鹤定为国鸟，也曾有新闻网站推举国鸟，丹顶鹤的得票率遥遥领先。但是，丹顶鹤未能当选，原因是它的拉丁名（学名）意译为"日本鹤"。在1776年，一名德国动物学家先从日本认识到了丹顶鹤，于是依据地名给丹顶鹤命名为"日本鹤"。尽管鸟类学家郑作新院士在1980年的国际鹤类学术研讨会上，提出为丹顶鹤正名并获得通过，但修改的只是英文名，而拉丁名不能修正。国鸟是国家与民族精神的象征，丹顶鹤最终由于拉丁名的问题而与国鸟的头衔无缘。

有一位女孩，她曾经来过

有一位叫徐秀娟的女孩，把毕生的心血奉献给了她热爱的丹顶鹤，被誉为"中国第一位驯鹤姑娘"，她是中国环境保护战线第一位因公殉职的烈士。1987 年，她长眠于江苏省盐城市的茫茫沼泽之中，生命永远停在了青春正好的 23 岁。她凄美感人的事迹被谱写成一首动听的歌曲《一个真实的故事》，久久回响在耳边："走过那条小河，你可曾听说，有一位女孩，她曾经来过……"

徐秀娟出生于黑龙江省齐齐哈尔市的一个满族渔民家庭，她小时候常帮父母喂养小丹顶鹤，潜移默化中喜爱上了这种有灵性的鸟儿。由于高中停办，她选择到扎龙自然保护区当一名养鹤、驯鹤的临时工。养鹤是保护区最累的工作，担水、配食、喂鹤、放鹤、清扫鹤舍、诊治护理病鹤，一天到晚忙不完，但她热爱这份工作，并把工作完成得非常出色。她负责饲养的雏鹤，成活率高达 100%，扎龙自然保护区的孵鹤、养鹤、驯鹤技术随之开始蜚声中外。

1986 年 5 月，徐秀娟到江苏省盐城市投身沿海滩涂珍禽省级自然保护区的建设。1987 年 9 月，保护区的两只白天鹅走失，她心急火燎地寻找，疲劳过度的她不幸溺水身亡，人们再也唤不回徐秀娟了。当人们从水底托起她时，一片哭声震动苍穹、掠过草滩。

为了纪念这位年轻的护鹤天使，江苏省盐城市和扎龙自然保护区修建了雕塑、纪念园、纪念陈列馆等，定期开展纪念活动宣传徐秀娟的事迹，激励更多的人热爱大自然、投身野生动物保护事业。

回归净美湿地，守护一抹丹红

野生丹顶鹤每年都要以结群的方式进行南来北往的长途迁徙，春天到北方繁殖，冬天到南方过冬。结群迁徙为丹顶鹤种群提供了更多的基因交流机会，丰富了遗传的多样性，增强了它们适应环境变化、抵抗各种疾病的能力。经过一代又一代的自然选择，具有迁徙行为的丹顶鹤得以更好地生存繁衍，因此，随着季节的变换，沿着祖先的足迹定期迁徙就演化成了丹顶鹤的本能。

◇结群的丹顶鹤

丹顶鹤迁徙时跟大雁、天鹅等大型候鸟一样，几只或十几只、数十只结群成"一"字或"人"字队形，这种队形可以有效地保护群体中老幼体弱的个体，防止它们掉队。在这种队形下，后面的个体可以充分利用前面个体扇动翅膀时所产生的气流，从而快速、省力、持久地飞行。每年，它们往返于扎龙自然保护区和江苏盐城国家级珍禽自然保护区，这是一段非常漫长的旅途。丹顶鹤不仅飞得远，而且飞得高。大部分候鸟在迁徙时都是低空飞行，高度只有几百米，而丹顶鹤的飞行高度可达 5000 米。

丹顶鹤是对湿地生态环境变化最敏感的指示动物，它的迁徙通道恰好在中国人口稠密、经济快速发展的东部沿海地区。丹顶鹤既要克服长途跋涉的辛劳，又要应对大自然严峻的挑战，还要谨防人为因素的干扰。它的迁徙不仅见证着保护区生态环境的改善，也见证着迁飞路线上停歇地的生境变迁，更见证着人们爱鸟、护鸟以及对待自然万物的态度的变化。

辽宁省盘锦市地处辽河入海口，这里一望无际的湿地和美丽的红海滩是丹顶鹤南北迁徙的重要停歇地。为了守护好红海滩上珍贵的丹顶鹤，当地建立起鹤类人工繁育基地和野化基地，为丹顶鹤种群的扩大"保驾护航"，生活在这里的丹顶鹤种群数量已经从 3 只增长至 200 多只。未来，这里将形成一个有 500 只不迁徙丹顶鹤的种群。

辽河口的芦苇滨海湿地栖息着野生动物数百种，是丹顶鹤、黑嘴鸥、斑海豹等珍稀物种的重要停歇地、繁殖地。20 世

◇丹顶鹤

纪 80 年代开始的围海养殖带来了短期的经济效益，却对湿地生态环境造成严重破坏。养殖池阻断了湿地的纳潮功能，影响微生物交换，珍稀物种栖息、觅食的面积不断减少。意识到这一严重问题后，当地开展"退出围海养殖，恢复滨海湿地"的工作，既查处违法行为，又照顾困难群体。随后，与"退养还湿"工作衔接的"蓝色海湾整治行动"有序展开，不仅实现养殖户清退和滩涂平整，还实现自然水系连通，生物洄游通道贯通。

　　对丹顶鹤的保护只是中国努力保护生物多样性的一个缩影。保护湿地，回归水清、岸绿、滩净、湾美，不仅是为了维护国家生态安全，也是为了对子孙后代负责。美丽的丹顶鹤自古以来就是人类的好朋友。未来，人们在湛蓝的天空中定会时时看到"晴空一鹤排云上"的景观，在自然的摇篮里时时听到鹤鸣"声闻林外天"。

白鹭——白露降，白鹭至

一行白鹭上青天

白鹭总是一副步履悠然的样子，不远不近，不疏不亲。田间如框，水波似镜，白鹭在其中啄食、振翅。没有鹤之仙气，却雅致空灵，平易近人。扶风可直上青云，掠水则静观人间。

"白鹭鸶，瘦巴巴，长长的腿，细细的脚。"闽南语囝仔歌《白翎鸶》将白鹭的外形描述得非常形象。一身雪白的羽毛，搭配长长的脖子、长长的翅膀，还有两只乌黑的长脚，那就是白鹭。

"两个黄鹂鸣翠柳，一行白鹭上青天。"白鹭作为一种常见而古老的鸟，人们早在先秦时期就有对它的描述和记载，它也是文学作品和中国画的常见主题之一，其与莲花一起入画作为装饰，有"一路连科""路路清廉"的美好寓意。

白鹭是国家三有保护动物，属于鹭科，常出没在沼泽、湖泊、潮湿的森林和其他湿地环境，是湿地生态系统中的重要指示物种。它常捕食浅水中的鱼类、两栖类、爬行类动物，通常会在乔木、灌木上筑起凌乱的大巢。

◇白鹭

　　白露降，白鹭至。露从今夜白，白为秋色，露为秋意。古人根据对大自然的观察，将白露节气分为三候："一候鸿雁来，二候元鸟归，三候群鸟养羞。"在白露，鸿雁自北来南，燕子南飞避寒，其他留鸟开始储存食物以备越冬。白鹭为候鸟，每年 4 月和 11 月左右，白鹭会进行春秋两季的迁徙活动。

绝句

［唐］杜甫

两个黄鹂鸣翠柳，

一行白鹭上青天。

窗含西岭千秋雪，

门泊东吴万里船。

鹭岛之恋

　　白鹭是长寿、幸福的象征，它总喜欢向上飞翔，寓意着进取、努力和飞跃。在中国，以动物为别名的城市不多，被称作"鹭岛"的厦门市是其中之一。此外，白鹭还是厦门市的市鸟，在厦门市与鼓浪屿之间的海叫"鹭江道"。因此，在当地流传着许多与白鹭有关的神话传说。清代，乾隆年间《鹭江志》的刊行，让"鹭岛""鹭江"地名长盛不衰。近代，由于意境美好及音韵顺口，"鹭江"一名一枝独秀。"鹭岛""鹭江"赋予了厦门市诸多浪漫色彩。

　　厦门市是白鹭的栖息地之一，在这里，随处可见白鹭飞翔。白鹭依恋这里，这里的人们对白鹭也有着别样的情怀。市中心的公园名为白鹭洲，厦门航空的标志是一只张开双翼的白鹭，厦门火车站远看像一只飞翔的白鹭，厦门市的出租车及其他许多公用汽车都有白鹭的标志。此外，厦门市还有一个于1993年成立的民间舞团，是中国第一个专业民间舞艺术表演团体，名字就叫"小白鹭"。

　　这里的鹭类数量多、种类全，反映了厦门市的地理位置和湿地环境在鹭类资源分布上具有典型性和代表性。厦门市的鹭科鸟类数量高达上万只，这里已成为中国，甚至国际上鹭科鸟类的重要栖息地，而白鹭，也早已成为厦门市的城市名片。

◇白鹭洲公园

环保鸟认证好生态

　　白鹭对栖息地的生存环境要求极高，所以被称作"环保鸟""生态鸟"。有白鹭栖息的地方，可以说是被实名认证的"宝地"，水质、气候、环境达到了很高的标准。

　　2021年，黄河口国家公园创建进展顺利，黄河三角洲自然保护区成为600多万只鸟儿迁徙的经停地，这里因此有了"鸟类国际机场"的美誉。这里还演绎了一个当地经济建设为生态环境"让路"的典型故事。东营市规划实施的德州路东延项目须穿过一片苗圃，人们准备施工时才发现这是一片鹭类繁殖区。得知此事，东营市政府对鸟类栖息地进行了专门保护，并将此处命名为"白鹭园湿地"完整保存，为此，工程向北多绕了几百米，投资增加了5000万元。这个为鸟儿让路的美谈绘就了黄河新画卷。

　　除了黄河三角洲，在三峡大坝也留下了白鹭的故事。随着三峡库区环境的持续改善，这里蓄水后成为白鹭的重要栖息地。大批白鹭来到这里"安营扎寨"，繁衍生息，使白鹭在中国的分布发生很大变化，使这里成为观鸟胜地之一。白鹭时而在水中觅食，时而在空中飞翔、嬉戏，成为三峡坝前一道别样美景。

中华秋沙鸭——中国活化石

天生的潜水小能手

中华秋沙鸭是国家一级重点保护野生动物，被《IUCN 红色名录》《中国生物多样性红色名录》定为濒危物种。它是鸭科秋沙鸭属的鸟类，是难得一见的珍稀物种。在中国，东北地区是中华秋沙鸭的繁殖地，江苏、江西、贵州、台湾等省是它的越冬地。中华秋沙鸭对环境要求非常严格，生长在无污染的林区溪流之中，成对或以家庭为单位潜水捕食鱼类，通常在距离地面 10 米以上的树洞中营巢，因此被称为"会上树的鸭子"。它属于早成性鸟类，是天生的游泳健将。雏鸟出壳后即已睁眼，能鸣叫和跳跃，在破壳后的两天内就会从巢中跳出，随亲鸟进入溪流开始美好的新生活。雏鸟行动敏捷，不仅善于潜水，而且善于藏匿，一遇到危险就像一支箭一样，逆流而上，激起一道波纹。

中华秋沙鸭嘴形侧扁，前端尖并具弯钩，不同于鸭科其他种类具有的扁平形喙。它的头顶长有双羽冠，就像凤冠一样，极具特色。雄鸟的头、背、翅膀上缘为黑色，其他部位呈现灰白色，雌鸟色暗多灰色。中华秋沙鸭最早的名字叫"鳞胁秋沙鸭"，原因是它两胁的羽毛上生有黑色鳞纹，这是这种秋沙鸭最醒目的特征。

◇中华秋沙鸭

后来鸟类学家发现它来自中国吉林省的长白山地区，所以改称它为"中华秋沙鸭"。它历史悠久、数量稀少，甚至比扬子鳄的数量还要少。

婺源冬语

江西省上饶市婺源县是古徽州六县之一，素有"书乡""茶乡"之称，在赣、浙、皖三省交界处。婺源县东邻国家历史文化名城衢州市，西毗瓷都景德镇市，北枕国家级旅游胜地黄山市和古徽州首府歙县，南接"江南第一仙峰"三清山。婺源县

◇婺源县风光

是全国著名的文化与生态旅游县，被誉为"中国最美乡村"。

婺源县有很多鸟类明星，中华秋沙鸭是其中值得多加关注的一种。这里河水清澈，水流不疾不徐。中华秋沙鸭为越冬远道而来，在此处快乐嬉戏。它们捕到鱼后，经常会发生哄抢，引人注目。但是，这是一种十分怕人的鸭子，稍微接近它们，它们就会惊慌逃走。中华秋沙鸭与普通秋沙鸭外形无异，大小相当，只是胁部的花纹有所不同。奇怪的是，普通秋沙鸭种群庞大、支脉旺盛，而中华秋沙鸭数量稀少，几近濒危。这可能是由于中华秋沙鸭面临着被过度捕猎、栖息地被破坏、环境被污染等困苦境地。

对于鸟类来说，一年四季都要寻找适宜的季节性栖息地。在冬季，它们需要得到充足的食物，调整身体的代谢状态，因此鸟类越冬栖息地的保护是非常重要的。婺源县的地貌特征、自然景观与农耕环境等，吸引了众多鸟类前来越冬。其中有不少珍稀鸟类，如鸳鸯、中华秋沙鸭、白鹇、白腿小隼、蓝冠噪鹛等。珍稀鸟类对环境的要求往往十分挑剔。婺源县正是具备了这些珍稀鸟类的环境所需，才能把这些国宝级物种留下，这些鸟儿在不断提醒人们，婺源县是重要的鸟类越冬、度夏及常年留居的栖息地，有极为重要的保护价值。

潇水之滨盼鸭归

入冬后，湖南省永州市双牌县是候鸟越冬的主要栖息地之一，双牌县山清水秀，鸟语花香，不仅适宜人居住，也适宜鸟类栖息生存。2013年3月，人们第一次在双牌县发现了中华秋沙鸭。中华秋沙鸭对栖息地水域环境要求极高，被称作"鸟类中的大熊猫"、水域环境的"生态试纸"。人们在异常兴奋的同时，感到了更重的保护生态环境的责任。

位于潇水双牌段的日月湖国家湿地公园，是中华秋沙鸭偏爱的"歇脚地"，2013年以来，中华秋沙鸭每一年都没有忘记美丽的潇水河，而且呼唤了越来越多的"小伙伴"来到这里。双牌水库的水流特别清澈，而且这里有滩有湖，就连河床上的细沙、卵石都清晰可见，蓝天白云和岸边的群山绿树倒映水中，就像一幅美丽的画卷。中华秋沙鸭把这里当成乐园，在这一段河面上捕食、玩耍、嬉闹。

双牌县是个"九山半水半分田"的山区林业县。曾经，住在潇水附近的部分村民以打鱼为生，渔网等渔具让候鸟生存面临威胁。随着"长江十年禁渔计划"的推行，居于湘江上游的潇水渔民陆续上岸，生态环保观念逐渐深入人心。因矿山开采、污水直排入河等导致的生态环境问题在近年来日益改善，以生态观光、乡村休闲为主的旅游经济正加速发展。

为了共同守护中华秋沙鸭栖息地，也为了共同守护当地人的生态家园，退休教师、热心村民、社会义工等都来参加环保工作，组成日益庞大的护河志愿者队伍，他们进村入户宣传，增加巡河频次，定期开展"净滩"行动……在潇水之滨期盼着中华秋沙鸭新一年的如约而至。

震旦鸦雀——芦苇中的精灵

来自中国的神秘小鸟

"震旦"是中国的古称，以此给一种小鸟命名，暗示了这种鸟儿的古老、神秘。鸦雀，是一种嘴短厚、侧扁，多活动于灌

◇震旦鸦雀

丛间的小鸟。震旦鸦雀，顾名思义，就是来自中国的一种鸦雀鸟，别无分"鸟"。

震旦鸦雀最早被发现于中国江苏省，到现在有 100 多年的研究历史，但它在地球上已存在了 4 亿多年，对于研究湿地生态环境、生物多样性保护及潜在科研开发、生态旅游价值等方面具有重要的意义。震旦鸦雀叫声清脆悦耳、急促连贯，非常好听，是国家二级重点保护野生动物、国家三有保护动物，被《IUCN 红色名录》《中国生物多样性红色名录》定为近危物种。

震旦鸦雀不是水鸟，但它喜欢湿地，它赖以生存的栖息环境是湿地里的芦苇丛，所以它还有"芦苇中的精灵"之美誉。大片的芦苇不仅给震旦鸦雀提供了隐蔽条件，还为其提供了适宜的食物，震旦鸦雀在芦苇丛中寻找各种昆虫充饥，有时可直接从蜘蛛网上获取被蜘蛛捕到的昆虫。它最擅长的是敏锐地发现芦苇秆里藏匿的昆虫，用鹦鹉般的厚嘴破开芦苇秆，啄食其中的昆虫。另外，震旦鸦雀的繁殖地也是芦苇地。它会将 3 ~ 5 棵芦苇秆聚拢到一起，用嘴撕扯出芦苇叶纤维，缠绕在聚拢的芦苇秆上造巢产卵。

苇塘迷踪

冬季的一天，北京市永定河畔的宛平湖公园忽然变得喧嚣起来，许多扛着"长枪短炮"的摄影爱好者云集于此。原来，一种失踪多年、几乎绝迹的可爱小鸟在此现身，它就是震旦鸦

◇震旦鸦雀

雀。宛平湖连片的芦苇湿地为它们提供了良好的生存环境，它们三五成群，觅食于苇丛当中，让这些"拍鸟大爷"忙得不亦乐乎。众多的围观者，又有这么多的照相机，吓得它们躲在芦苇丛中，迟迟不肯现身。从凌晨到晌午，芦苇丛中只闻鸟鸣、不见鸟影。人们急得团团转，震旦鸦雀就是不肯出来。

下午，宛平湖刮起大风，加之天气寒冷，很多人悻悻离去。谁知，不知是因为大风的作用，还是岸边人群的减少，这群熬人的小精灵竟然出来了。它们叽叽喳喳、探头探脑，从苇塘深处跳出来开始攀爬芦苇秆，上下挪动、来回跳跃，样子十分可爱。

由于震旦鸦雀的栖息、繁殖都依赖有大片芦苇丛的湿地，近些年各地加强了自然湿地的修复和人工湿地的保护，因此，才会重新吸引震旦鸦雀前来栖息、繁衍。近年来，随着江苏省连云港市沿海湿地生态环境的改善，震旦鸦雀已在沿海湿地安家，多处湿地的芦苇丛中出现了震旦鸦雀的身影。

但是，震旦鸦雀有时依然会陷入困境。有些城市公园等人工湿地为了防火和防止芦苇植株退化，会一刀切地将大片芦苇割除，于是在不经意中破坏了震旦鸦雀的食物来源和栖身条件。其实，对芦苇丛的处理应考虑相关鸟类的四季需求，采取分区交替式的抚育收割管理，这样不仅能使震旦鸦雀等鸟类一年四季都有安身之处，还能让湿地更有活力。

水雉——凌波仙子

长爪长尾水上走

水雉生性机警，极易受惊，喜欢少有人至且长有成片浮叶植物的湿地，活泼好动，模样像雉鸡，脚上没有蹼，能借助细长的脚趾和爪奔走于睡莲、荷花、菱角、芡实等植物上，而且体态优美，长长的尾羽有飘逸之感，因此有"凌波仙子"的雅号。在台湾省，水雉因多栖息于菱角田间，故又有"菱角鸟"的俗称。它的羽色以黑褐色为主、白色为辅。它的鸣声非常特别，是似猫的"喵喵"声。水雉在中国曾经是常见的季候鸟，现在由于缺少宁静的栖息生境已相当罕见。它分布在长江流域等地、东南沿海省区，是国家二级重点保护野生动物、国家三有保护动物，被《中国生物多样性红色名录》定为近危物种。

在鸟类的世界里，婚配方式也是有规则的。不同的鸟种施行不同的婚配制度，呈现出多样性的特点。鸟类的婚配制度大致可分为4类：单配制、混交制、一雄多雌制、一雌多雄制。全世界鸟类中约92%鸟种行单配制，约6%行混交制，约1.6%行一雄多雌制，行一雌多雄制的鸟种仅占约0.4%。而水雉就是行一雌多雄制的鸟种。

◇水雉

　　无论哪种婚配制，都是有利于鸟类繁衍和种族繁盛的。在一雌多雄的婚配类型中，又可分为3种亚类型，即保卫资源型一雌多雄制、雌性控制型一雌多雄制和合作型一雌多雄制。人们往往觉得"牝鸡司晨"的事情离现实生活很遥远，不过，了解水雉的生活习性、家庭构成后，就会有不一样的看法。

水雉女王

　　每年的夏季，山东省东平湖地区的湿地里喧闹异常，多色的水雉是这里最美丽的水鸟。在一片湖水连天的芦苇荡中，有一只白色大鸟现身了，这就是水雉女王。水雉是以雌性为核心

◇水雉

的"母系社会"，每只雌鸟都拥有自己庞大的"后宫"，多位雄鸟为它一鸟抚育后代。在这里，水雉女王拥有至高无上的权力，所有雄鸟，都臣服于它的石榴裙下。

在鸟类世界里，雌雄鸟的外观不同，往往一方羽色黯淡、安静低调，而另一方则花枝招展、热情外向。大部分鸟都是雄性色彩比雌性更加鲜艳夺目。不过水雉的情况却正好相反，它们的族群实施的是"女尊男卑"的制度，遵循着"一妻多夫"的惯例，而鲜有"一妻一夫"的现象。

雄鸟长得没有水雉女王美丽，羽色和身材都会逊色不少，对水雉女王献媚的样子十分搞笑。雄鸟总是显得十分谦卑，焦急地等待水雉女王的召见。雌鸟出现后，雄鸟会向她大献殷勤，俯下身来表示遵从，以获得女王的芳心。雌鸟只承担产卵职责，之后它会把自己的卵交给各个宫室的雄鸟来抚养，雄鸟任务繁重，包括筑巢、孵卵、带雏鸟、传授生存技能等。雌鸟在繁殖期可以与不同的雄鸟交配、产卵，交配对象有时多达 10 只。这样的繁殖策略，倒是一种非常有利于种群发展的"机智选择"。

等到这一切都完成后，水雉女王会开疆拓土，另占一片区域，如果她足够强大，会驱赶其他雌鸟，占据它们的后宫，然后"逼迫"那里的雄鸟，继续为它传宗接代，让自己的基因广泛地播种下去。

女尊男卑是水雉社会的常态，牝鸡司晨是它们的生活秩序，一切看起来都是那样井然有序、不慌不忙。人们在惊诧错愕之余，也更多地了解了大自然的多样性、鸟类生态的复杂性和趣味性！

寿带——幸福长寿吉祥鸟

林中仙子，长尾飘逸

　　它是一种生活在森林和平原林区的美丽鸟类，羽色鲜艳，特别是雄鸟有两根非常长的中央尾羽，美丽的形体使人赏心悦目。它就是国家三有保护动物，被《中国生物多样性红色名录》定为近危物种的寿带。它的嘴阔而扁平，上嘴具棱脊。雌鸟较雄鸟短小，比麻雀略大，体态美丽。

◇寿带雄鸟

◇寿带雌鸟

寿带最主要的特征是雄鸟有着两条非常长的中央尾羽，长达身体的4~5倍，形似绶带，故又名"绶带鸟"。雄鸟有栗色型和白色型两种。栗色型雄鸟整个头部及额、喉和上胸都为深蓝色且富有金属光泽；背、肩、腰和尾上覆羽等部位为深栗红色；两枚中央尾羽特别长，呈栗红色；胸和两胁呈灰色，到腹和尾下覆羽渐渐变淡为白色。白色型雄鸟整个头、颈、喉和栗色型相似，但背至尾为白色，中央一对尾羽也特别长，尾羽也为白色。在民间传说中，雄鸟到了老年，全身羽毛会变成白色，拖着白色的长尾飞翔于林间，因而又得名"一枝花""林中仙子"。

寿带喜欢生活在茂密的森林中，常栖息于山区或丘陵地带，它的巢筑于树杈间，以树皮和树叶为巢材，巢为深杯状。它以活的鳞翅目昆虫为主食，比如天蛾、松毛虫及其幼虫和卵等，是森林中消灭害虫的能手。它的分布范围比较广泛，是华东沿海部分省区的旅鸟、台湾省的留鸟。

梁祝化身，福寿之鸟

相传寿带是"梁山伯与祝英台"的化身，它们常成对出现，拖着曼妙的长尾上下翻飞，飘然若仙，形影不离。寿带是中国书画艺术家十分喜爱的鸟类，其形体美丽、寿命较长，音调婉转，似"求福——求福"，寓意吉祥，有幸福长寿的人文内涵。寿带常被用于中国古代吉祥图案纹样，因带有"寿"字，与蝙蝠合用

◇青花枇杷绶带鸟纹大盘（故宫博物院藏品）

时，可称作"福寿双全"，与蝙蝠、如意组成图案时可称为"福寿如意"。

在古代的玉饰、画作、刺绣、瓷器中，均有以寿带为主题的作品，如白玉绶带鸟衔花佩、《苍松寿带图》《缂丝秋桃绶带图轴》《刺绣牡丹绶带图轴》、青花枇杷绶带鸟纹大盘等。

寿带居家，鸣于春涧

浙江省杭州市西溪国家湿地公园是中国第一个集城市湿地、农耕湿地、文化湿地于一体的国家级湿地公园，它与西湖、西泠并称"杭州三西"。这里水连水、岛环岛，环境清幽、画图难

◇ 与雌鸟换班后入巢孵化的寿带雄鸟

足，许多游客在此流连忘返。每年春天都会有美丽的寿带来到西溪湿地，它们圈地占域，寻找佳丽，修筑爱巢，抚育后代。它们时而匿身于密林之下，时而鸣叫于春涧之上，时而鼓翅于河溪之间，长尾摇曳，飘逸潇洒，羽色华美，观之极为赏心悦目。

通常来说，看到某种鸟比较容易，但是想找到它们的鸟巢比较难。这是因为鸟儿会把自己的"宝宝家"选在一处人类难以发现的地方，以确保雏鸟和自己的安全。如果在修筑鸟巢的

过程中有人"偷窥"，它们会义无反顾地弃巢而去，重新选址。寿带就是这类鸟的典型代表。

　　寿带穿梭于西溪的密林之间，空中捕食姿态优雅悦目，摇曳的尾羽成为飞行的助力器。它转弯翻身、滑翔悬停，捕捉各种飞虫、蝴蝶。在这片舒适美好的环境中，它自由且欢快，舞姿飘逸潇洒，动作迅猛快捷，鸣叫高亢洪亮，宣示着它迎接新生活的坚定信心。

04

荒漠高原　极地稀禽

在蒙新高原荒漠区和青藏高原高寒区，有着中国的极地之境。这里天高地寒、狂风呼啸，对鸟类来说，不仅气候干燥、温差极大，还有强敌环伺，食物和水源都稀缺难寻。在这样艰难的困境中，这里的生命依然活得多姿多彩，生命之花在高原上傲然绽放。

蒙新高原荒漠区包括新疆维吾尔自治区全部和河北、山西、内蒙古、陕西、甘肃、宁夏等省（区）的部分地区，鸨类、蓑羽鹤、黑鹳、遗鸥等珍稀鸟类及其栖息地是这里的保护重点。青藏高原高寒区包括四川、西藏、青海、新疆等省（区）的部分地区，黑颈鹤是这里的保护重点。

蓑羽鹤的迁徙要穿过死亡之海、飞越地球之巅，这堪称地球上最高难度的迁徙，它们战胜困难依靠的是群体的力量和智慧。2021 年 10 月，位于三江源国家公园核心区的牧民在离家不远的勒池草原惊喜地看到了一群实属罕见的蓑羽鹤。在泽被天下的三江源，还生活着坚韧不拔的黑颈鹤，它是世界上唯一生长并繁殖于高原的鹤类。对于广袤的三江源而言，各类野生动物才是这片土地上的主人，这里的人们将野生动物视为自己的伙伴，呵护野生动物繁衍生息，维护这片土地的生物多样性。

蓑羽鹤——勇气与梦想的结合

形似闺秀，身怀铁骨

　　蓑羽鹤属于鹤形目鹤科，是国家二级重点保护野生动物。它身披蓝灰色蓑羽，脸颊两侧各有一撮白色羽毛，蓬松垂落，状若披发，当风吹动时随风摆动，它的尾部被长长的翅膀黑色羽端所覆盖。蓑羽鹤在中国的分布较广但数量少，主要分布于

◇蓑羽鹤

◇蓑羽鹤亲鸟喂食雏鸟

新疆、宁夏、内蒙古、黑龙江、吉林等省（区）。

　　蓑羽鹤异常纤瘦，在鹤家族中体型最小。它体型娇小玲珑、举止娴雅、性情温柔，是人们心中的"闺秀鹤"。不过，蓑羽鹤并没有看起来那么柔弱，在每年迁徙的季节，它会凭借坚强与智慧，经历重重艰难险阻跨过地球之巅。虽然每前进一步都要经历无法想象的困难和危险，每一次跨越都是生与死的考验，但它依然勇敢面对每一个挑战与困难。

　　蓑羽鹤多行"一夫一妻制"，在4月下旬至6月筑巢产卵，双亲都参与孵化。成对的蓑羽鹤都有较固定的觅食路线和区域，繁殖对之间和平相处，互不侵犯。在遇到危险的时候，蓑羽鹤会与伙伴合作，集体防御外敌。在孵化期，它们的天敌主要有狼、赤狐、渡鸦和一些猛禽等，但主要的干扰来自家畜和人类的活动。

遇到天敌干扰时，两只蓑羽鹤亲鸟都会鸣叫，展翅或飞起俯冲以警告来犯者，渡鸦会利用蓑羽鹤受干扰的时机，进入巢中偷吃鹤卵。另外，突发性的恶劣天气也会对蓑羽鹤的孵化产生影响。5月的大雪会使一些蓑羽鹤失去觅食和过夜的场所，有些蓑羽鹤因冻、饿而死，卵则因过冷而无法被孵化。雏鸟在出生的第二天就会独立行走，3个月后就要随着父母进行世界上最艰难的迁徙了。

并肩作战，飞向高峰

对于生活在自然界中的某些动物来说，依靠群体的力量才是存活下来的最佳方式。蓑羽鹤便懂得借助群体的力量飞越高峰。每年都会有数万只蓑羽鹤，分批飞越喜马拉雅山脉抵达南亚过冬，这堪称地球上最高难度的迁徙。它们要面临空气稀薄、气流强劲、温度极低等恶劣环境，而战胜这一切依靠的正是群体的力量和智慧。

9月左右，一缕晨光洒在蒙新高原广袤的大地上，这是一个昆虫繁盛的季节，也是亲鸟为孩子补充蛋白质的最佳时机。一对蓑羽鹤夫妇，带着孩子从远处走来，捡拾着地上的草籽和昆虫喂孩子，为了在寒冬到来之际，让孩子有足够的力气飞到南方的越冬地。对于未长成的小蓑羽鹤来说，时间已经十分紧迫了。蓑羽鹤亲鸟步履优雅、机敏警觉，绝不让孩子走出自己的视线。休养了大半年的蓑羽鹤即将南迁，远处的蓑羽鹤已经开始集结了。大一点的孩子开始加入即将迁徙的鹤群，它们不断练习着起飞、编队、降落，为了避免在迁徙途中掉队，原先不足 10 只的鹤群会在短短的 10 天内迅速扩大到成百上千只。

这一路困难重重，但有集体作为后盾，蓑羽鹤的每一次振翅都更有力量。它们的队形在"一"字形和"V"字形间变换，编队飞行能最大限度地减小空气的阻力。为了节省体力，强壮的蓑羽鹤飞在队伍的最前面，这个位置的飞行难度最大，遇到的气流和飞行阻力都非常大。老鹤和小鹤则留在队伍的末端，在头鹤的带领下，靠上升的气流帮助自己飞得更高，一起朝着"世界屋脊"飞去。

由于独特的地理环境，在蓑羽鹤的迁徙路线中，它们会受到高山和沙漠阻隔。在飞越喜马拉雅山脉之前，有些蓑羽鹤队伍需要穿过中国最大的沙漠——塔克拉玛干沙漠，这里一向被认为是生命的禁区。但在多项穿越沙漠的考察、调查中，人们发现春秋两季有大量的鸟流穿越近 500 千米宽的沙漠，其中就有蓑羽鹤。

湿地是蓑羽鹤迁徙途中重要的停留、歇息地。鸟类穿越沙漠的路线离不开绿洲和河流，塔里木河、和田河、叶尔羌河、车尔臣河、伊犁河、开都河等，都是鸟类迁徙的重要通道或驿站，每年春秋两季，这些地方的鸟流络绎不绝。由于蓑羽鹤群

◇觅食的蓑羽鹤

飞越青藏高原时不做停留，沙漠中的某些拥有水源的地点就成为蓑羽鹤的重要驿站。

天敌来袭，突破难关

死亡之海的中途驿站远远无法弥补蓑羽鹤体力的消耗，它们的力气已残留不多。但是，鹤群必须面临迁徙途中最危险的一个阻碍——飞越喜马拉雅山脉。

如果蓑羽鹤在喜马拉雅山脉的北坡冲顶时不幸遇到风暴和寒流，就不得不原路返回。多停留一天，就多流失一分体力，多一分危险。这里不仅有寒流，还有致命的杀手——号称"空中霸主"的金雕。每到迁徙季节，金雕就会到喜马拉雅山脉的上空进行狙击。

金雕极高的飞行技巧、锋利的尖爪，足以应付一切猎物。水平飞行的金雕能突然调整身体，急速升空，到达远高于鹤群的位置，再盘旋到鹤群斜上方高速俯冲，这是金雕最有力的进攻手段。金雕以刺破长空的尖锐鸣叫宣示着它的进攻，蓑羽鹤没有慌乱，它们慢慢聚到了一起。金雕改变了进攻策略，不再进攻侧翼，而是从中央突破。金雕的高速俯冲和灵活调节将鹤群冲得七零八落，老弱的蓑羽鹤不幸成为金雕的美食。

每年有大约 5 万只蓑羽鹤飞越喜马拉雅山脉，经历了死亡之海和金雕的猎杀，约有 1 万只蓑羽鹤会丧命在喜马拉雅山脉脚下。

稀客至，构美景

　　近年来，随着生态环境不断改善、各族群众保护野生动植物的意识不断增强，内蒙古、新疆、青海等省（区）的部分地区已成为鸟类迁徙途中停留、觅食、繁殖的天然场所，野生鸟类种类和数量不断增加。

　　草原生态的恢复，使锡林郭勒盟逐渐成为候鸟迁徙途中的

◇蓑羽鹤家庭

驿站，每年春秋两季都会有大量候鸟光顾。2020 年的秋季，千余只蓑羽鹤在锡林浩特市白音锡勒草原休憩，构成了一幅和谐美好的画卷。

2018 年 4 月，一群蓑羽鹤聚集在新疆维吾尔自治区阿勒泰地区哈巴河县一处湿地上嬉戏，这里每天都有上千只蓑羽鹤在湿地和农田里觅食、栖息。为了不打扰这些候鸟，当地工作队及时向村民宣传野生动物保护常识，引导村民在蓑羽鹤迁徙期间主动避开在这一区域放牧生产，确保迁徙到此的蓑羽鹤有一个良好的栖息环境。同年 9 月，哈密市巴里坤哈萨克自治县下起入秋以来的第一场雪。丰饶的水域和秋后麦田成功吸引了这些展翅南飞的鸟儿，它们在迁徙的途中相继降落，做短暂的栖息和休整。上万只蓑羽鹤集结在巴里坤湖附近的小麦地里，在蓝天白云和大地的衬托下、秋日阳光的照耀下，形成了飞鸟漫天的壮观景象。这个鹤群规模大，位于草原、背靠雪山，构成了非常难得的美景。2020 年 9 月，阿勒泰地区吉木乃县萨吾尔草原也迎来大批"稀客"蓑羽鹤。

2021 年 10 月，青海省玉树藏族自治州的牧民在离家不远的勒池草原看到一群欢快的鹤，于是兴奋地用手机拍摄了这群鹤在草原上觅食及嬉戏的画面。这里的海拔有 4000 多米，位于三江源国家公园的核心区。经过确认，这种连当地牧民都不认识的鹤并不是高原地区常见的黑颈鹤，而是蓑羽鹤。蓑羽鹤出现在三江源国家公园核心区，实属罕见。

大鸨——蒙冤千年

草原秘客

每到初春季节，草原地区会迎来一批神秘的游客，它们懒散而无规则地散布在草地各处。有时，它们会聚在一起相互问候，还会相互追逐打闹，令这里十分热闹。它们是一群形态别

◇大鸨雄鸟

致的大鸟，有的雄鸟会翻起自己的羽毛，迈着小碎步，摆出一副神圣不可侵犯的样子，有些则会大打出手，互不退让；雌鸟们在一旁围观，好奇地看看哪个雄鸟的实力最强。

这些怪异的不速之客，就是大鸨。它们来到这里的目的很明确，就是寻找配偶且越多越好，然后繁育后代。雄鸟向雌鸟露出白色的尾下覆羽，表示发情，一般露出的白色羽毛越多、越白，就越受雌鸟的青睐。雄鸟通过激烈竞争占领地盘、驱赶对手，最终获得雌鸟芳心，拥有交配权来繁衍自己的后代。

中国境内分布着3种鸨：大鸨、小鸨、波斑鸨。大鸨的体型是其中最大的一种，其体长可超过1米。它身形健硕，腿部强健，颈长腿高，头型纤秀，喙端短小。它的头颈灰白，背羽棕黄而带有鲜明的黑斑，很像豹纹，李时珍在《本草纲目》中提道："鸨有豹文，故名独豹，而讹为鸨也。"大鸨在古时又叫"独豹"，有人据此认为"鸨"由"豹"字而来。

大鸨两翅的大覆羽和大部三级飞羽均为白色，在翅上形成大的白斑，飞翔时十分明显。虽然它能飞，但飞得不太高，原因可能是它太重了，大部分时间大鸨依靠双腿在地上疾奔。成鸟两性体型和羽色相似，但雌鸟比雄鸟更小，也更轻。雄鸟喉部有纤细、突出的羽毛，这也是与雌鸟明显的差别。

大鸨是典型的草原鸟类，主要栖息于开阔的平原、草原和半荒漠地区，分布在新疆、内蒙古、河北、黑龙江等省（区）。

◇飞翔的大鸨

在新疆维吾尔自治区，它的栖息地是草原和荒漠草原，并常在农田中活动；在内蒙古自治区和黑龙江省，它栖息在干草原、稀树草原和半荒漠地带，常在农田附近觅食。大鸨食性多样，它除了吃植物嫩叶、芽、幼草、种子、谷粒，还能大量捕食为害农作物的蝗虫、鳞翅目幼虫等。不爱鸣叫是它的一个特点，即使在繁殖季节，它们也沉默寡言。

大鸨是世界上最大的能飞行的鸟类之一，极耐寒冷、非常机敏，人类很难靠近它，在一年中的大部分时间以集群形式活动。据说，大鸨名字的来源除了"独豹"，另一个是它们总由70只组成一个群体。于是，人们在描述它时就在"鸟"的左边加上"七十"，"鸨"就由此而得名。可如今，全世界的大鸨数量急剧减少，在中国，它被列为国家一级重点保护野生动物，被《中国生物多样性红色名录》定为濒危物种，鲜少能见到几十只大鸨组成的群体。

千古冤案

鸨在中国典籍中出现得比较早。在先秦时代，鸨的名声比后来好得多，《诗经·国风·唐风·鸨羽》中有述："肃肃鸨羽，集于苞栩"，借在路上急奔的鸨来代指为公事辛苦奔忙的人们。

在《西游记》中，有一处很著名的情节，孙悟空与二郎神缠斗，孙悟空变什么，二郎神就变成它的天敌。最后，孙悟空无可奈何，干脆变成了一只鸨，二郎神却不变了，直接用弹弓打，这是因为古人认为鸨名声不佳。

在大鸨的社会里，它们实行的是一夫多妻或一妻多夫的婚配制度。交配体系为多配和混配。多配体系为一雄多雌，雌鸟可达 5 ~ 7 只。这些雌鸟有社会等级之分，接受交配的机会不均等。混配体系为每只雌鸟和 1 只以上的雄鸟交配，雌鸟与 1 只雄鸟交配完，会去寻找另外的雄鸟交配，为自己的后代寻求更多的雄鸟基因，混配体系在大鸨中较为常见。

自古以来关于大鸨的说法多有谬误，比如称大鸨只有雌鸟，没有雄鸟，生性淫乱，逢鸟则与其交配，所以大鸨名声不佳，被误称为"淫鸟""百鸟之妻"。清代《古今图书集成》写道："鸨鸟为众鸟所淫，相传老娼呼鸨出于此。"现在看来，这种说法十分荒唐，也违反科学常识。大鸨在交配结束后，一般由雌鸟自行筑巢、孵卵、照顾雏鸟。秋冬来临时，由于雌鸟体型较小，抗寒能力比雄鸟差，雌鸟会带着雏鸟前往河南、河北、山东等省越冬，部分健壮的雄鸟会留在冰雪覆盖的草原上越冬。同时由于大鸨雌雄的羽毛颜色很接近，所以在人们的印象中，误以为大鸨没有雄鸟。

从生物学角度看，大鸨的种群长期以来雌雄比例失调，无论大鸨采用哪种交配体系，都会比较有利于种族繁衍。但是人们看到了大鸨交配的复杂行为，便用人类社会的伦理评判大鸨，将"淫乱"这样的词汇赋予大鸨，缺少了对大鸨的理解与尊重。

分飞两地

每当提起草原，人们首先会想到牛羊和骏马……在内蒙古自治区东部科尔沁草原腹地的兴安盟，有另一幅热闹的画卷。兴安盟扎赉特旗位于内蒙古、黑龙江、吉林三省（区）交界处，扎赉特旗南部的图牧吉国家级自然保护区是大兴安岭山地与干旱草原的过渡地带。这里广袤无垠、百鸟云集，美在天然、贵在原始。

诗经·国风·唐风·鸨羽（节选）

［秦］佚名

肃肃鸨羽，集于苞栩。

图牧吉国家级自然保护区的草原和湿地生态系统支持着以大鸨、鹤类和鹳类为代表的众多珍稀濒危鸟类生存，是以大鸨为主要保护对象的保护区。图牧吉国家级自然保护区是兴安盟生态文明建设的一个缩影。近年来，兴安盟加快实施退耕还林还草、科尔沁沙地治理、重点区域绿化、河湖连通等重点生态工程，生态环境日益改善。

大鸨在兴安盟分布有部分留鸟。在草原上守候的越冬雄鸟几乎是白雪覆盖的草原上唯一可以见到的美丽生灵，给漫长的冬季带来了生机与活力，成为茫茫原野上极为亮丽的风景。耐不住寒冷的雌鸟则向南飞去。

◇大鸨

鸟类是湿地生态系统的顶级生物群落，是湿地最活跃和最醒目的生物类群，也是湿地生态系统健康的重要指示生物之一。2021 年入冬以来，白洋淀湿地保护区出现了大鸨、青头潜鸭、黑鹳、黑翅鸢、灰鹤等珍稀鸟类的踪迹。大鸨已经是连续 16 次在雄安新区越冬了，它的出现，表明了白洋淀生态环境持续向好。

白洋淀是河北省最大的湖泊，位于河北省雄安新区中部，淀泊星罗棋布、沟壕纵横交错，因电影《小兵张嘎》而闻名中外。作为华北稀缺的湿地生态系统，白洋淀被誉为"华北之肾"，是野生鸟类在华北中部的重要栖息地，对维护华北地区生态环境具有不可替代的作用。

但从 20 世纪 50 年代开始，干旱的气候、工农业用水量的不断增加、城镇生活污水和工业污水排放、水产网箱养殖、上游水土流失、淀内围堤造田，使得白洋淀泥沙淤积加速、水面日益缩小、水质不断恶化，连鸟都不飞过来了。

雄安新区设立后，实施生态补水、"控源—截污—治河"系统治理。随着生态环境治理不断深入，白洋淀水变清了、水面变大了，白洋淀水质恢复到近十年来最好水平。近年来，通过加大白洋淀生态保护力度，野生鸟类不断增加，在 2020 年冬至 2021 年春的观测中，记录到大鸨 48 只。焕发生机的白洋淀，再度成为"鸟的天堂"。

黑鹳——山河隐者

玄鹤、黑鹳古今为一

　　黑鹳，古人称它为"玄鹤"。"玄"是黑色的意思，而"鹤"是因为古人没有现代生物学的分类概念，不能远远地区分鹤和鹳，所以外形相近的大型涉禽被泛称为"鹤"。

◇黑鹳

黑鹳是国家一级重点保护野生动物。它敏捷机警、体态优美、体色鲜明，成鸟体长 1 ~ 1.2 米，上体羽毛为黑色，并带有紫色、绿色的金属光泽，胸下部及腹部羽毛为白色，喙、眼周、腿、脚均为鲜艳的红色，颜色对比强烈。在空中飞行的黑鹳，腹部是白色的，经常会被误认为是某种鹤。由于体表颜色乌黑，人们俗称它为"黑老鹳"，玄鹤的别名远比这个俗称更为仙雅。

鱼类收割机

黑鹳是一种能进行长距离迁徙的候鸟，夏季栖息在北方，冬季飞往南方。它的环境适应能力比较强，但前提是要有清澈的水源和丰富的鱼类。在广袤的森林、湿地、草原，甚至荒山，黑鹳都能够繁衍生存。通常，黑鹳栖息于偏僻且少有人干扰的森林、荒原和荒山中，营巢于森林中河流两岸的峭壁上、胡杨树上或荒山悬崖上，就像山河间的隐者。它们对栖息环境特别是对觅食水域的要求很"挑剔"，其数量极其稀少。

作为一种大型涉禽，黑鹳的觅食地多为湿地区域，因为在这些地方黑鹳能够找到自己最喜欢吃的鱼。捕鱼是它赖以生存的技能，在这方面，它展示出很强的能力。它看似在水中散步，一旦看准猎物，立刻将头伸出，又长又尖的红嘴巴是它的利器，快狠准地将水里的鱼悉数收割进肚子里。

◇黑鹳

十渡之冬

在冬季，万木萧疏的北京市十渡对于越冬的鸟类来说却是喧闹的世界。十渡的拒马河有许多热泉供应水源，虽然气温低至零下十几摄氏度，拒马河也常年不封冻，吸引着许多鸟儿冬季在这里安家落户。

冬季的十渡是一个自然大舞台，各种鸟类面对冰天雪地、躲避凛冽寒风、获得所需食物、应对天敌袭击、进行冬泳洗浴……众多鸟类的表演为人们演绎着许多生态学的原理，让人们身临其境地理解鸟类与环境的紧密关系、鸟类对栖息地的选择性和依赖性、鸟类及其相关物种的种内和种间协调与竞争的关系，冬季的十渡真可谓是鸟类生态学的大课堂。

在凛冽的寒风中，黑鹳、金雕、秃鹫、游隼、赤麻鸭、褐河乌、红尾水鸲、红翅旋壁雀、岩鸽……都会展现出它们冬季特有的风采。其中最出名的是黑鹳，由于十渡地区特殊的喀斯特地貌，这些黑色的珍奇大鸟选择留在了这里。它们每天早晚到河里觅食鱼虾，然后回到山崖上休息，生活得十分惬意，也十分有规律。为了保护它们，这里的保护组织每天都要往河里投放泥鳅、小鱼。

过去由于降水量少、气候干旱，诸多河流缺水、断流，甚至干涸，流域内水生生物数量不足，适宜黑鹳的栖息地不多。在很长一段时间里，黑鹳飞到北京市只在房山区的拒马河流域徘徊，被戏称为"房山黑鹳"。如今，黑鹳已在海淀、大兴、顺义、平谷、密云等区现身，"房山黑鹳"变身为"北京黑鹳"。

鸟类是衡量一个地区生物多样性、完整性和生态质量的指标性动物，它们在一个地区的栖息情况变化可以说是生态环境的风向标。近年来，北京市的森林和湿地总量持续增加，一系列生态措施的落地让林地绿地的生态功能日益完善，环境对野生动物越来越友善。

首都生态环境显著改善，受益的不仅是黑鹳，天鹅、鸳鸯等国家重点保护鸟类种群数量都在稳步上升，震旦鸦雀、青头潜鸭、白尾海雕等珍稀濒危鸟类也在这里相继现身，鸟儿们用翅膀给首都的绿水青山"点赞"。

◇十渡风光

遗鸥——相见恨晚的遗落之鸥

远在高原，相识已晚

有一种鸥鸟，被命名只有 70 多年，人类真正认识它仅有短短的 30 年左右。命名者或许带着相识恨晚的愧意而为它取

◇休憩的遗鸥

名为"遗鸥"，它是到目前为止被人们认知和了解最晚的一种鸥类。

从遗鸥被人们发现的那一天起，它的身世之谜、繁殖地之谜、越冬地之谜等诸多谜团就等待着被人们一一揭开。在最初发现它的时候，有的学者认为它并非新种，而是棕头鸥的变异种；还有的学者认为，它是棕头鸥和鱼鸥的杂交后代。遗鸥的过去、现在与未来深深地吸引着人们的目光。

遗憾的是，人类对遗鸥了解甚少，研究工作几乎一片空白。在不清楚遗鸥确切的分布范围和生态习性的情况下，遗鸥就已经处于濒危状态。生态环境的恶化对脆弱的遗鸥来说，无疑是个极大的威胁，开展对遗鸥的研究已属当务之急。

闻音知鸟，闻声识人。情况不容乐观的遗鸥，却有着像人类笑声的鸣叫声。遗鸥属于中型水禽，外表朴素，成鸟有暗红色的嘴和脚，头部羽毛在繁殖期会长出黑色的繁殖羽，到了冬季，又会变为白色。它在繁殖期栖息在海拔 1200 ～ 1500 米的沙漠咸水湖和碱水湖中，以小鱼、水生昆虫、水生无脊椎动物等为食，全球数量仅存 1.2 万多只，是国家一级重点保护野生动物，被《中国生物多样性红色名录》定为濒危物种，被称为高原上"最脆弱的鸟类"。

齐心协力，营造家园

陕西省榆林市神木县境内曾有一片中国最大的沙漠淡水

湖——红碱淖。前几年，红碱淖地表汇水量急剧下降，面临着成为"第二个罗布泊"的命运。经过多年的生态治理，红碱淖这颗"沙漠明珠"越来越美，水位逐年回升且盐度缓慢增加，不仅有成群的珍禽在此栖息，还吸引了濒临灭绝的遗鸥来这里繁殖，而且数量逐年增长，成了名副其实的"遗鸥家园"。

红碱淖国家级自然保护区内不仅有国家二级重点保护野生动物白琵鹭和小天鹅等，还有国家一级重点保护野生动物卷羽鹈鹕、遗鸥、黑鹳和大鸨等，每年都有大量的水禽在此停歇、繁殖。为了守护这些珍贵的鸟儿，保护区实现了保护区视频监控全覆盖，对核心区的遗鸥鸟岛实行 24 小时监控，确保无任何

◇遗鸥

人员擅自进入保护区从事非法活动。每年6—7月是红碱淖遗鸥的最佳观赏期，在红碱淖的红石岛上，成群结队的小遗鸥一边悠闲地鸣唱，一边跟着母亲学习下水游泳的本领。

在内蒙古自治区的鄂尔多斯遗鸥国家级自然保护区湿地，湖面波光粼粼，不少鸟儿在空中盘旋、水中嬉戏，传来阵阵鸟儿的欢歌笑语。鄂尔多斯市位于黄河"几"字弯，是黄河流域生态保护和高质量发展的重要节点。这里也是遗鸥繁殖地，2021年，约3000只遗鸥出现在这里。此外，这里还有蓑羽鹤、东方白鹳、白尾海雕、大鵟、红脚隼等鸟类。

然而，这里曾遭到遗鸥无奈的抛弃。从2006年开始，年降水量减少、地表径流补给不足，导致湿地水域面积萎缩、遗鸥赖以繁殖的湖心岛消失，再无遗鸥来此筑巢繁殖。人们意识到鸟类是生态环境的指示标。保护候鸟不光是保护这一类物种，更是保护生态安全、确保人类可持续发展的重要途径，保护森林和湿地等候鸟生存的栖息地，也是为人类留存更适宜的生存环境。

为了"召唤"遗鸥回归，当地实施了引黄工程、人工增雨工程、河道清淤工程等6项工程对湿地进行修复。曾经消失的湖心岛终于再现水面，面积也在不断扩大，保护区迎来更多的遗鸥和其他鸟类栖息。湿地重现"水天一色、百鸟争鸣"的美丽景观，坚定了当地人守护绿水青山的决心，当地人环保理念日益增强，越来越多的志愿者加入到了爱鸟护鸟的行列。

◇遗鸥竞翔

    康巴诺尔，蒙古语意为"美丽的湖泊"。康巴诺尔国家湿地公园位于河北省张家口市康保县，是全球重要的遗鸥栖息地与繁殖地，约有6500只遗鸥在这里繁殖。这些遗鸥是康保县通过不断加大生态建设力度、加强湿地及鸟类保护吸引而来的。近

年来，河北省按照遗鸥生活习性，不断建设湖中孤岛，努力营造栖息地，吸引遗鸥筑巢繁殖，形成了以康保县为中心的坝上繁殖地。目前河北省已经成为遗鸥的主要繁殖地，未来也将成为遗鸥的主要越冬地。

黑颈鹤——晨鸣报阴晴

鹤立高原

嘹亮得犹如号角的鹤鸣声在寒冷荒凉的"世界屋脊"青藏高原上响起，随着凛冽的寒风越传越远。据说当地人可以根据这种鹤鸣声的变化辨别天气的阴晴，从而安排当天的劳

◇黑颈鹤

作，所以这种鹤深得当地人的喜爱。他们认为这种鹤象征着纯洁与美好，是应受到崇敬、爱护的神鸟，在广泛流传于青藏高原的《格萨尔王传》中，它还是格萨尔王的牧马者。

这种鹤就是坚韧不拔的黑颈鹤，它是世界上唯一生长并繁殖于高原的鹤类，主要分布在中国、印度等地，多栖息于海拔2500～5000米的高原沼泽地、湖泊及河滩地带。在中国，它主要分布在青海、西藏、甘肃、四川等省（区），每年4—6月飞到青藏高原西南部和甘肃、四川等省繁殖，10月后南迁至西藏自治区南部及云贵高原越冬。

出壳后的黑颈鹤雏鸟经常打斗，体弱的雏鸟极易死亡。幸存下来的雏鸟生长得非常快，它必须在10月上旬以前学会飞行，否则当成鸟南迁时，留在繁殖地的它会遭遇天气、食物和天敌的"围攻"，往往只有死路一条。由于黑颈鹤生活在环境条件非常艰苦的高原地区，天气变化大，冬天积雪多，食物短缺，繁殖率和雏鸟的成活率都不高，致使种群数量稀少。黑颈鹤是国家一级重点保护野生动物，被《中国生物多样性红色名录》定为易危物种。

黑颈鹤挺拔俊美，体型与丹顶鹤相比稍小一些，头顶也有一片鲜红色的裸露皮肤，但不如丹顶鹤鲜艳夺目。它黑色的翅膀和尾羽衬托着灰白色体羽，颈部大部分为黑色，故得名"黑颈鹤"，又名"藏鹤"，藏语称之为"哥塞达日子"，意为"牧马人"，是高尚、纯洁、权威的象征。

◇黑颈鹤

以自然之道，养万物之生

1990 年，青海省将黑颈鹤定为省鸟。每年初夏时节，位于青藏高原的隆宝国家级自然保护区、嘉塘草原，以及青海湖等地是黑颈鹤的主要繁殖地。黑颈鹤与青海省结下的深厚友谊一方面体现了青海省良好的湿地资源为黑颈鹤的栖息繁殖提供了良好的环境，另一方面体现了黑颈鹤以不断向高海拔高纬度地区迁徙作为对全球变暖现象的回应。

20 世纪 80 年代，青海省玉树藏族自治州的隆宝县成为中国第一个以黑颈鹤及其繁殖地为主要保护对象的自然保护区。每年4月底到10月，大量的黑颈鹤在隆宝县筑巢、栖息，因聚集数量众多，隆宝县被世界鸟类学家誉为"黑颈鹤之乡"。

隆宝国家级自然保护区是三江源地区的众多湿地之一。三江源旷古高远，是人与自然和谐共生的乐园。在道路旁随处可见野生动物，处处呈现出人与自然和谐共生的生动景象。

其实，对于广袤的三江源而言，各类野生动物才是这片土地上的主人，这里的人们将野生动物视为自己的伙伴，呵护野生动物繁衍生息，维护这片土地的生物多样性。

在三江源，救助野生动物的故事早已屡见不鲜。野牦牛闯进牧民草场，与家畜争草，甚至"拐走"牧民自家的牦牛，牧民对此淡然处之，牧民知道野牦牛和家牦牛最终还会回到这片草场。即使雪豹咬死了自家的牦牛，但是遇上受伤的雪豹时，牧民依然选择出手救助。生态管护员自发组织为大鵟、黑颈鹤等鸟类搭窝，救助受伤的斑头雁回家，他们认为有了这些鸟类的存在，草原才会更好。

泽被天下，生态共享

三江源山势雄伟、湖光粼粼、草原碧绿、壮阔辽远，这里的野生动物经常是悠闲漫步的模样，时不时抬起头来眺望壮丽的景色，安心享受这片世界上鲜有的净土。

为进一步实施对三江源的保护，三江源国家公园正式成立，位列中国首批 5 个国家公园名单之中，标志着山水林田湖草沙冰综合治理的新阶段。

三江源国家公园地处青藏高原腹地，有地球上最具野性之美、原始风貌的地理景观，广泛分布着高原湿地、高原沼泽、高原湖泊、高原草甸等，被誉为"江河源地""中华水塔"。

在漫长的地质年代里，高寒的气候孕育了三江源广袤的冻土，也孕育了三江源巨大的山系、浩瀚的冰川和扶摇的雪线，构成世界高海拔地区独一无二的自然景观。这里是物种丰富的

高寒宝库，有满山遍野的珍稀野生动植物，仅雪豹、藏羚羊、野牦牛、藏野驴等国家一级重点保护野生动物就有十余种之多。

　　三江源不仅孕育了长江、黄河、澜沧江，还孕育了璀璨的高原文明。多个民族的先民在此繁衍生息、发展融合，成为中华民族的重要组成部分。数量较多、类型丰富的古遗址、古墓葬、古建筑、岩画等古代文化遗存源源不断地出土，向世界证明着这段历史的存在，也证明着华夏文明的生生不息。

◇青海省风光

05
第五章

白山黑水 飞鸟不息

　　很早以前，中国东北地区流行着一句顺口溜："棒打狍子瓢舀鱼，野鸡飞到饭锅里。"森林里百兽出没，长空上百鸟飞翔。这曾是东北地区生态环境的真实写照，由此可见东北地区的富饶和动物资源的丰富。生态好不好，鸟儿先知道。现在，生生不息的飞鸟是这片白山黑水之地优质生态环境的最佳证明。

　　东北山地平原区包括辽宁、吉林、黑龙江三省全部和内蒙古自治区部分地区，沼泽湿地及珍稀候鸟迁徙地、繁殖地是这里的保护重点。

　　在飞驰骏马的嘶鸣声中，"空中霸主"草原雕于长空高翔，主宰草原。作为草原的亲兵护卫，它能够有效防止啮齿类动物过度繁殖、啃食草场，让大草原在良性循环中生机勃勃、绿意盎然。"富锦待客不需酒，走进湿地即醉人。"白枕鹤是富锦市的市鸟，富锦市的生态系统保持完整，包含了三江平原沼泽湿地生态系统的所有类型，是具有国际意义的温带湿地代表，每年都有数以万计的候鸟迁徙到这里栖息和繁衍，如丹顶鹤、金雕、白琵鹭等。这里天蓝水碧、地绿景美、河流蜿蜒，是白枕鹤的理想栖息地，处处体现着原生态文化的质朴和厚重。

草原雕——横过百鸟瞑

击长空

夏季的草原，蓝天白云，牛羊成群，毡帐连片，湖水接天……一派生机勃勃的大好风光。"天苍苍，野茫茫。风吹草低见牛羊。"开阔的草原上，不仅能看到成群的牛羊，还能在飞驰骏马的嘶鸣声中，看到于长空高翔的"空中霸主""鸟中枭雄"——草原雕。

草原雕是一种霸气十足的大型猛禽，整体棕褐色，翼展可达 2 米，雌雄相似。它主要栖息在开阔平原、荒原草地上，以野兔、旱獭、蛇和鸟类等动物为食，在高空中搜索、快速俯冲，是草原雕常规的捕猎方式，颇有一种豪迈野性的气势。它的巢比较大，由枯树枝构成，通常建在悬崖岩石上、地面土堆上或干草堆和小山坡上。草原雕分布在黑龙江、吉林、辽宁、内蒙古、新疆等省（区），是西北地区和东北北部地区的夏候鸟、其他地区的冬候鸟或旅鸟，但在各地都比较罕见，是国家一级重点保护野生动物，被《IUCN 红色名录》定为濒危物种。

和李校书新题乐府十二首·驯犀（节选）

[唐]元稹

兽返深山鸟构巢，
鹰雕鹞鹘无羁鞍。

卫草原

　　克什克腾旗被称作"塞北金三角"，位于阴山山脉、大兴安岭、燕山山脉交界处，由多种地貌构成，野生动植物的多样性很丰富。主要野生动物有马鹿、狍子、野猪等。在蒙古语中，克什克腾是"亲兵""护卫"的意思。毫无疑问，这里的大型鸟，如草原雕、大𫛭、黑鸢，就是草原的亲兵护卫，它们的存在能够有效防止啮齿类动物过度繁殖、啃食草场，从而让大草原生机勃勃、绿意盎然，处于一种良性循环的发展中。

生生死死，是草原上的主旋律。草原雕、黑鸢、大𫛭是这里的主宰者。这些处于食物链顶端的猛禽表面上掌握着其他鸟儿的生杀大权，其实，它们活得也十分不易。年轻的大鸟必须快速成长起来，让自己的爪子足够坚硬，眼睛足够敏锐，飞行足够迅速，达到每一个猎物"想从爪下过，不死扒层皮"的境界才能保证不饿肚子。

"胡天八月即飞雪"，入秋以后，寒意突如其来，草原的景致更为壮观。鹤群开始集结，准备南迁。绿草茵茵的景象不见了，群山脚下是一片苍茫世界。山脊之间，一只狍子来回张望，

◇草原雕

它的出现，预示着草原的夏季已悄然而去。现在它只有一个任务，就是吃，把自己吃得膘肥体胖，才能熬过草原上的严冬。它与远处结群的马鹿相比，显得形单影只、孤独脆弱，没有群体的庇护，只能依靠自己。

有同样想法的，还有蹲在山崖上、落在树枝间的草原雕。它们耐心等候着猎物的出现，有一种雄踞天下、睥睨四方的气派。它们无疑是草原的霸主，其他猎食者见到它们都要敬而远之。它们飞起来悄无声息且速度极快。即使像狐狸这样狡猾的猎手，面对草原雕也不敢掉以轻心。一旦草原雕双目锁定了它，一切为时已晚。

10月的草原上，猎食者忙着为过冬做准备。草原雕的越冬迁徙比较晚，它开始为自己在草原上的初冬口粮担心。但是，

◇草原雕

有些客人要先离开这里了。小蓑羽鹤已经长大，可以加入即将迁徙的鹤群，也有足够的能力应付猛禽。上千只蓑羽鹤在全部离开前举行最后的狂欢，它们时而俯身觅食，时而展翅长空，难以掩饰因即将到来的迁徙而激动的心情。草原鼠也开始为过冬做准备，它们马上要钻进洞里冬眠了。草原雕又要开始一段在冰天雪地里吃了上顿没下顿的苦日子了。

食物链与食物网

一幅幅草原的画面、一段段动人的故事，唤起我们对草原之美的热爱。在欣赏之余，我们可以思考许多的问题。生命世界里，物种和物种之间的关系真可谓微妙之极。捕食者和被捕食者看似尖锐而敌对，在人们的眼中常要面临一场你死我活的竞争，其实，捕食者和被捕食者的关系是在漫长的生物演化过程中协同进化的结果。

在生态学中，这种关系被称为"食物链"关系，捕食者和被捕食者构成了不可缺少的"吃和被吃"的关系。通常，人们在草原上发生的故事里看到的只是食物链的片段。其实，这条链很长且很复杂，植物、昆虫、鱼类、蛙类、爬行类、鸟类及哺乳类等，它们之间的"吃和被吃"的关系不只是单一的链条关系，而是形成了多个链条构成的"食物网"，捕食者和被捕食者在食物网中都发挥着重要的作用，以此控制了物种之间的种群消长和数量比例，这就是生态平衡的关键所在。如果在食物网或某个食物链中出现了断裂，生态将失去平衡。认识到这一点后，人们可以更理性地看待自然，通过人类的智慧和努力维护好当下已经非常脆弱的生态系统。

城市内外，爱心长存

草原雕常活跃在内蒙古呼伦湖国家级自然保护区，这是一个以保护珍稀鸟类及其赖以生存的湖泊、草原和湿地等生态系统为主的综合性自然保护区。良好纯净的生态环境、生机盎然的自然原野，使这里成了奇花异草和珍禽异兽的家园。

呼伦湖被誉为"草原之肾"，在调节气候、涵养水源、维系周边草原生态方面发挥着极其重要的作用。这里是东北亚鸟类迁徙的重要通道，也是亚洲水禽的重要栖息、繁殖地。每年夏秋之交的湖面上，鸟儿赴约汇聚，鸣声此起彼伏。

近年来，随着呼伦湖综合治理工作的开展、呼伦贝尔市实施全市禁猎禁渔，这里的生态环境得到明显改善，野生动物数量明显增多，成为众多鸟类栖息、繁殖的理想场所，草原雕等珍贵鸟类的数量逐年上升。2021年的夏季，保护区内共监测到鸟类100多种，包括国家一级重点保护野生动物猎隼、草原雕等，国家二级重点保护野生动物白琵鹭、鸿雁、大天鹅等。

草原雕常在城市之外生活，远离人烟。自然保护区的建立充分体现了人们对野生动植物的尊重和爱护。其实，在城市之内的人们离野生动物保护也并不遥远，拯救稀有大鸟、传递动物保护精神的机会就在人们身边。

2020年10月，一位甘肃省张掖市高台县居民外出办事途经骆驼城时，发现一只大鸟蹲守在水渠边，出于好奇便上前查看，发现这只大鸟站立不稳，无法飞翔，就将其带回并报告相关部门。接到报告后，该县公安局森林警察大队第一时间前去调查，经鉴定，这只大鸟就是草原雕。工作人员随即将其收容至救助站进行救治观察，经工作人员精心救治、喂养观察，草原雕生命体征完全恢复正常，并顺利回归大自然。同年11月，高台县有群众在绿化带发现一只受伤无法飞行的鸟，随即打电话向县野生动植物保护管理站报告，爱心群众再次成功救助一只草原雕。

2021年12月，高台县罗城镇的一位村民报警称，在自家后院发现一只"老鹰"，像是受伤了，无法飞行，请求予以救助。民警立即驱车赶赴现场，在村民后院鸡舍旁的墙角见到了那只"老鹰"，为避免它受到惊吓或损伤，民警立即联系了高台县野生动植物保护管理站，并暂时用纸箱将它带回了派出所。原来，这只"老鹰"是草原雕，它食物中毒、爪子轻微受伤。经精心救治后，它也被顺利地放归大自然。

近年来，高台县群众保护野生动物意识越来越强，除了草原雕，还救助了燕隼等国家重点保护动物。城市之外、城市之内，人们都以实际行动展示着爱心长存的和谐画卷。

白尾海雕——海上枭雄

靠水吃水

    白尾海雕是鹰科海雕属的大型猛禽，常单独或成对在大的湖面和海面上空飞翔，是国家一级重点保护野生动物，被《中国生物多样性红色名录》定为易危物种。白尾海雕从外表上看，就是老鹰的放大版，除了体型不同，在体色上也略有不同。成年白尾海雕头部为沙黄色，身体大部分为棕褐色并规则分布深棕色斑点，翅膀为黑褐色，喙为标志性的蜡黄色，尾羽和大多数猛禽的棕褐色不同，呈现的是标志性的白色，俗称"黄嘴雕""白尾雕"。

    全世界的海雕共有8种，在中国分布的有4种：白腹海雕、玉带海雕、白尾海雕和虎头海雕。所有的海雕有着很近的亲缘关系，它们的形态和习性也很接近。在中国的4种海雕，除了玉带海雕在内地的湖泊地带生活，其他3种海雕都在沿海地区及其附近的河口、湖泊等环境栖息。环境污染及栖息地大量丧失，致使它们的数量锐减，亟待人们去挽救与保护。

    在人们认知中，大多数猛禽都是以陆地中小型哺乳动物为食的，甚至像秃鹫那样以腐肉为食。不过海雕却非常喜欢捕鱼，

第五章　白山黑水　飞鸟不息

◇白尾海雕

有时捕捉野鸭及其他水鸟，也会捕食少量的中小型哺乳动物。早年的《动物世界》栏目是很多人的年少记忆，其中"老鹰"抓鱼的画面让人印象深刻，其实，那只抓鱼的"老鹰"就是白尾海雕。

白尾海雕通常在水面上空盘旋寻找猎物，一旦发现鱼儿，会以极快的速度俯冲而下，然后伸出铁一样冰冷锋利的爪一把抓住猎物。这样的高速闪击，让鱼儿到死也不知道究竟死于谁手。除了鱼儿，白尾海雕还会伏击野鸭、大雁、天鹅等水生禽类，把"靠水吃水"发挥到了极致。

鸟中轰炸机

白尾海雕是大型猛禽，属于食物链顶端动物。如今它已经处于濒危状态，据研究这是人类使用农药所致。早年间，人们广泛使用杀虫剂，致使农田、池塘里的青蛙、鱼类、鸟类体内残存毒素，以这些动物为食的白尾海雕，繁育功能受到了影响。

随着中国生态环境持续向好，许多白尾海雕又回来了，各地频频发布白尾海雕现身的报道。近年来，白尾海雕频频光临北京上空。它们以那些尚未冰封的湖面为狩猎场，如轰炸机似的盘旋猎食。

2019 年，北京市怀柔水库迎来了 3 只体型硕大的白尾海雕。湖面出现大面积封冻的冰面后，捕鱼变得比较困难。3 只白尾海雕改变捕猎目标，不再捕鱼，频频袭击能够得手的鸭群、鸡群。往年这里太平无事，大家彼此互不相犯，和平共处。当这 3 个大家伙来了以后，水鸟们和野鸡的平静日子算是被打破了。

白尾海雕不断地在空中盘旋，确定下手的目标后，它们会越飞越低，几次做出俯冲姿态，吓得那些水鸟们四下逃窜，即使是体型较大的天鹅，也要退避三舍、逃之夭夭，冰湖之上总是一派热闹而又狼狈的景象。

白尾海雕对这些水鸟来讲，就是一场噩梦，谁也不知道自

◇飞翔的白尾海雕

己会不会就是下一个猎物。但是对乌鸦、喜鹊这些"地头蛇"来讲，白尾海雕的出现绝对是一桩喜事。它们可以捡拾白尾海雕吃剩的残渣剩骨，好好享受一番。

生态环境好，猛禽频现身

随着生态保护力度不断加大和公众保护意识的提高，猛禽在中国出现的次数逐年增多，间接反映了中国生物多样性的丰富程度，也说明生态环境持续向好。

2021年，内蒙古自治区包头黄河国家湿地公园的监测人员在小白河片区监测到2只白尾海雕，这是工作人员自2019年以来连续3年监测到白尾海雕。同年，黑龙江省富锦国家湿地公园在进行春季鸟类数量调查时，拍摄到2只白尾海雕，这是自

2008 年公园成立以来首次发现该物种。

　　2021 年，在北京市十三陵水库，人们通过鸟类调查也首次监测到 3 只白尾海雕，2 只成鸟，1 只幼鸟。这里水面开阔、食物充足，吸引它们留了下来。2 只褐身白尾、体长近 1 米的大雕依次升空，快速俯冲到水面，黄色大脚轻松抓上大鱼，令人们惊叹不止。人们在这次的鸟类调查中还发现了毛脚鵟、大鵟、红隼等猛禽。近年来，金海湖水库及野鸭湖都有过白尾海雕栖息的记录。

◇白尾海雕

白枕鹤——草原仙客

苍色赤颊原上客

它在我国自古有之，古人将它的塑像放置在庭院中或绘制在画卷里，寓意着长寿，这种鸟就是白枕鹤，它的寿命在40～50年。白枕鹤是一种大型涉禽，整体颜色与苍鹭相近，身长可达 1.2 米。头部两侧的面部各有一块区域是红色的，所以它又叫"红脸鹤""红面鹤"。在古代，我国就有关于白枕鹤的记载："或有苍色者，今人谓之赤颊。"苍色指一种发蓝的青色，苍色、赤颊是白枕鹤的典型特征，可见古人对它的描述十分准确。

在大草原湿地的映衬下，白枕鹤十分美丽，外形与它的近亲丹顶鹤极为相似，所以也有"草原仙客"的美称。白枕鹤是国家一级重点保护野生动物，被《中国生物多样性红色名录》定为濒危物种。在中国，它们繁殖于吉林省北部和内蒙古自治区东部等地，越冬于江西省鄱阳湖、江苏省洪泽湖等地，迁徙期间要经过辽宁、河北、河南、山东等省。

每年夏季，草原上生机勃勃，白枕鹤、苍鹭、草原雕、黑琴鸡、马鹿、狍子……各种动物兴高采烈地来到这里，享受着

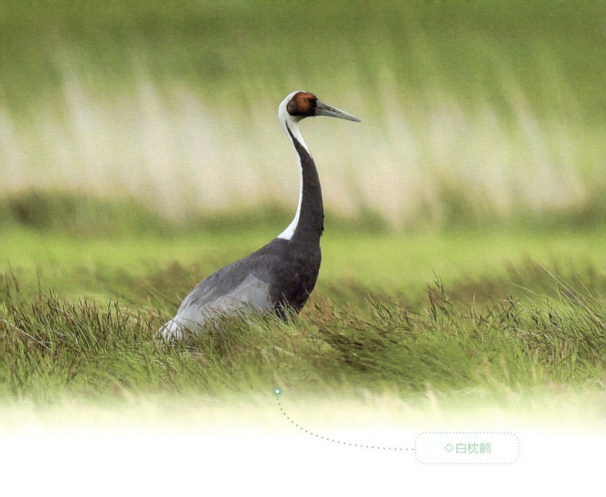

◇白枕鹤

大自然无私的馈赠，白枕鹤就是其中一员。

草原湿地、田地海湾是白枕鹤静谧的家园。那里有它赖以生存的食物，素食有植物种子、草根、嫩叶、嫩芽、谷粒，肉类有鱼、蛙、蜥蜴、蝌蚪、虾、软体动物、昆虫。白枕鹤取食时主要用它的长喙啄食，或用喙先拨开表层土壤，然后啄食埋藏在下面的种子和根茎。它边走边啄食，四处张望，姿态优雅，神态怡然。

白枕鹤胆子很小，非常警觉，通常在啄食几次后，就抬头观望四周。一有惊扰，立刻避开或飞走。

人工投食要讲科学

野生鸟类种类繁多、食性各异。在北方地区的冬季，许多鸟类都在为寻找食物而奔忙。甚至在某些地区，食物资源满足不了越冬鸟类的需求。好心的人们为了保护鸟类，会给鸟类投放一些食物，来帮助鸟类安全越冬。在欧美许多国家，人们有在自家庭院里悬挂鸟食器的习惯，一度认为这是帮助鸟类的有效手段。

日本曾经从 20 世纪 30 年代开始，给越冬的濒危动物白枕鹤设置专门的投喂食物的地点，因此吸引了一些白枕鹤到人工投喂点聚集取食。但后来的研究表明，鹤类过度密集，很容易造成流行病的种内传播，这种帮助可能导致适得其反的结果，致使鹤类的种群衰亡。

流行病学专家的提醒，促使相关方改变了投食策略，将集中投食点改成拉开距离的分散投食点，最大限度降低了由于人工投喂给白枕鹤带来的疾病暴发风险。

给野生鸟类投食，不是一件可以随便操作的事情，人们应该怀着对野生鸟类负责任的态度，在专家指导下，运用科学的方法实施。否则，投食是在干扰鸟类的正常生活，反而会在无意中伤害鸟类。

鹤雏早成

人们将刚孵化出来就能睁开双眼并能跟随亲鸟离巢行走活动的雏鸟称为"早成雏"。鹤类家族的雏鸟都是早成雏，白枕鹤的雏鸟也是如此，此外，天鹅、大雁、鸳鸯、雉鸡等的雏鸟也都是早成雏。

被亲鸟孵化出的当天，雏鸟就睁开双眼，能够站立并跟随父母行走。它们身着雏绒羽，不停地发出细微的叫声，随时向父母报告自己的位置，以求关怀与照顾。夜晚，草原温度急降，亲鸟会将雏鸟拢到翅下或身旁，用体温给雏鸟增温。

白枕鹤不喜欢喧嚣，育雏期间尤为如此。白枕鹤一旦孵蛋育雏，就不离孩子左右。当遇到危险，雄鸟会使出调虎离山之计，以自己为诱饵，吸引猎食者，让危险远离自己的巢穴和孩子。

湿地之美在于水

"富锦待客不需酒，走进湿地即醉人。"初秋的富锦，一片丰收在望的景象。百万亩良田充盈着无尽诗情画意，沃野黑土孕育着无限潜力生机。伴着蛙鸣、鸟叫，蓝天、白云、青山、绿水、湿地、稻海，还有飞翔的小鸟，都尽收眼底。

富锦国家湿地公园地处三江平原腹地，是著名的"全国野生动物保护科普教育基地""国家生态文明教育基地""黑龙江

◇成对的白枕鹤

十大最美湿地之首"，充分诠释了自然、生态、亲水、和谐的内涵，是植物王国、鸟类天堂，尽显生态之美。这里还是东北亚候鸟迁徙通道上的重要驿站和繁殖地，得益于湿地良好的自然生态环境，每年都有数以万计的候鸟迁徙到这里栖息，许多种类的鸟儿在这里筑巢繁衍，如丹顶鹤、白枕鹤、白琵鹭等。白枕鹤是富锦市的市鸟，富锦市还被誉为"白枕鹤之乡"。

在富锦国家湿地公园，设计独特的观鸟塔静立水中。塔内设有观鸟设备、鸟类简介、湿地形成及保护等科普宣教设施。人们登塔而上可以静静观赏水鸟、瞭望湿地美景，与鸟类保持距离、互不干扰。

这里的生态系统保持完整，包含了三江平原沼泽湿地生态系统的所有类型，是具有国际意义的温带湿地代表。这里天蓝水碧、地绿景美、河流蜿蜒，是白枕鹤的理想栖息地，处处体现着原生态文化的质朴和厚重。

黑琴鸡——为爱而战

善跑不爱飞

在内蒙古自治区额尔古纳国家级自然保护区的几株白桦树上，成群的黑琴鸡栖息在树梢上，它们时而鸣叫，时而飞舞，时而觅食，时而瞭望。确认周围没有危险之后，它们从树梢飞到地面，在白雪覆盖的农田里，用爪子刨开雪面，寻找遗失在

◇黑琴鸡

◇黑琴鸡雄鸟

◇黑琴鸡雌鸟

农田里的粮食。

　　黑琴鸡属于松鸡科，是一种陆禽，体格结实而又健壮，翅膀短而圆，腿脚强健，爪较锐利，喙很短且呈弓形。黑琴鸡善于行走和掘地啄食植物种子，对它来说，在草原上、树林里奔跑比飞翔更加得心应手。

　　黑琴鸡的鼻孔和脚均有被羽，这是为了适应严寒的天气。雄鸟全身羽毛都为黑色，头、颈、喉、下背的黑色羽毛具有蓝绿色的金属光泽，翅膀上有白色的斑块，被称为"翼镜"，尾下覆羽、腋羽及翼下覆羽为白色。雌鸟羽毛大多为棕色，分布着黑色和褐色横斑，翅膀上也有白色的斑块，但不及雄鸟的显著。

黑琴鸡栖息于开阔地附近的松林、桦树林和混交林中，主要以植物嫩枝、叶、根、种子为食，兼食昆虫。它在中国主要分布在黑龙江、内蒙古、新疆等省（区），各地的种群数量都较少，主要是过度捕猎所致。黑琴鸡是国家一级重点保护野生动物，被《中国生物多样性红色名录》定为近危物种。

比武招亲

黑龙江省中央站黑嘴松鸡国家级自然保护区内的一处灌木丛一到每年春天就特别热闹，这里是黑琴鸡的求偶场，几十只黑琴鸡在此"比武招亲"。

◇黑琴鸡

黑琴鸡行"一雄多雌制"，雄鸡好斗，求偶期尤甚。每年从 4 月下旬到 5 月中旬，它们便开始了一年一度的选择配偶的活动，多半选择杨树林、桦树林的疏林地或森林边缘比较开阔的地带作为公共求偶场。

黑琴鸡会聚在一个固定场所，通过展示羽毛、鸣叫和打斗决定配偶的归属。通过斗舞，成群的雄鸟一争高下，胜者带走雌鸟，黑琴鸡的种群得以繁衍、壮大。这个特点使它还有"斗鸡"的俗称。

松鸡科的鸟类都会有聚集求偶的特性，虽然这满足了它们壮大种群的需要，但也暗藏危机，会招来肉食动物的捕食。

◇黑琴鸡

大鵟——鸟中之豹

雾霾重重难觅食，大鵟饿晕落麦田

在河南省开封市杞县，流传着一个村民偶遇大鵟并施救的故事。有一天，一位村民像往常一样到麦田里干活，突然，他发现一只大鸟卧在地上。他一靠近，大鸟便立刻挣扎着飞起来，但飞了几米远，便卧在地上不动了。村民怀疑它受了伤，决定把它带回家里喂养。他找来一根树枝，先将大鸟压在下面，防止被其啄伤或抓伤，然后用手抓住它的翅膀。

大鸟被村民带回家后，其他村民闻讯赶来，他们都没见过这种大鸟，有的说这是猫头鹰，有的说这是老鹰。

这只大鸟虽然奄奄一息，但脾气倔强，村民喂它玉米和馒头，它连看都不看一眼。有人认出这是一只猛禽，它嘴上带钩，属于食肉动物。随后，村民便买来一些生肉，切成块喂给大鸟。不料，它还是不吃。

村民们担心这只大鸟，立刻开车拉着它来到县城。到动物医院后，经兽医提醒，村民们联系到河南省野生动物救护中心。这只大鸟的身份终于被确定了，它是国家二级重点保护野生动物，被《中国生物多样性红色名录》定为易危物种的大鵟。

◇大鵟

　　经救护中心检查确认，这只大鵟落难田间是饥饿所致。持续雾霾使它无法看清远处的猎物，不能正常捕食，长时间处于饥饿状态的大鵟身体虚弱，掉落田间。好在它遇到了热心的村民们，最终得到了救护，真是不幸中的万幸。

捕蛇高手

　　"鵟"这个字并不常见，它是鹰科鵟属猛禽的通称，大鵟是其中一种。大鵟的羽毛有斑驳的花纹，俗称"花豹""豪豹"。它机警凶猛，捕食技巧高超，面对抢食者毫不退缩，被誉为

"鸟中豹子"。

大鵟常生活在高山林缘、开阔的山地草原和荒漠地带，喜欢自由自在地在空中翱翔。它飞翔时两翼鼓动较慢，扇动时，有"呼呼"的声响。到了冬季，大鵟会迁徙到低山丘陵和山脚平原地带，虽然它总对人类敬而远之，但冬季有时候会出现在城市附近。

大鵟主要以田鼠、蛙、蜥蜴、野兔、蛇、黄鼠、旱獭和鸟类等为食，是典型的森林益鸟，对林业和农业都有很好的保护作用。大鵟身姿矫健，双翅灵活有力，一旦它锐利的眼光锁定了地面上的猎物，就会从空中突然俯冲而下，迅速用锋利的爪子抓住猎物，然后扇动翅膀，返回空中。有时，它还会聪明地利用树枝等障碍物隐藏自己，等待猎物出现再来个突然袭击。

大鵟捕蛇的技巧堪称一绝，当它抓到蛇之后，会迅速振翅飞到高空，在蛇还未反应过来时，狠狠将其摔下去，避免蛇缠绕双脚。然后俯冲而下，再次将蛇抓起，带到空中，重复前面的动作，直到蛇失去反抗的能力。这时，大鵟才降落到地面上将其快速地吞食。从捕蛇到进食，整个过程干净利落，它绝不给蛇反击自己的机会。

第六章

黄土大地　雄鸡唱响

"君不见，黄河之水天上来，奔流到海不复回。"磅礴的黄河流经黄土高原，奔腾的河水与深厚的黄土，塑造出广阔的华北平原。在这片黄土地上，岁月如黄河般奔腾流过，中国政治、经济、文化的厚重历史在这片土地缓缓沉淀。"一唱雄鸡天下白"，雄鸡之声、中国之声从此处响彻四方。

华北平原黄土高原区包括北京市、天津市、山东省全部以及河北、山西、江苏、安徽、河南、陕西、青海、宁夏等省（区）部分地区，褐马鸡等特有雉类、鹤类、雁鸭类、鹳类及其栖息地是这里的保护重点。

这里有中国独有的珍稀禽类褐马鸡。近年来，山西省利用世界野生动植物日、爱鸟周、野生动物保护宣传月等时间节点，广泛宣传引导，不断增进和凝聚公众对省鸟褐马鸡的保护共识，为把褐马鸡打造成"绿色山西"的生态名片而不断努力。这里还有人们非常熟悉的"邻居"——鸽子。鸽子有"固执"的故乡情怀，即使飞过万水千山，也要回家。鸽子永远不会忘记故乡，它们在蓝天红日之下自由翱翔，在绿水青山之间咏唱乡愁。

褐马鸡——毅不知死

坚毅斗士

日月轮回，沧海桑田，在中国古老的深山密林中，生存着一种见证了亿万年岁月变迁的古老的鸟类家族。它们是吉祥、勇敢的生灵，长长的尾巴高高竖起，末端的羽毛披散下垂，形如蓬松的马尾巴，既潇洒又美观，它们就是马鸡。

中国特有的 4 种马鸡是褐马鸡、蓝马鸡、白马鸡、藏马鸡。其中褐马鸡与中国文化有着悠久的历史渊源，尤为名贵。褐马鸡翅短，不善飞行，两腿粗壮，善于奔跑，被古人称为"鹖"。

《山海经·中山经》写道："中次二经济山之首，曰辉诸之山，其上多桑，其兽多闾麋，其鸟多鹖。"晋代郭璞将"鹖"注为"似雉而大，青色有毛，勇健，斗死乃止。"《禽经》也写道："鹖，毅鸟也。毅不知死。"

褐马鸡不同于大多数鸟类，它遇到天敌不逃跑或躲避，而是跳跃起来和敌人搏斗。在每年的繁殖期，雄鸟为一展威风会发出粗重而洪亮的叫声，还会为争夺雌鸟而发生激烈的争斗，甚至达到斗死方休的地步。

远古传说

在我国，关于鸟类的传说很多，但是远古传说很少。褐马鸡却在多个远古传说中出现，足以证明它的古老。

相传在天庭中有 4 只非常美丽的鸡，它们长着长长的马尾状尾羽，二雄二雌，分别被四大天王看管。一天，其中 1 只鸡兴奋地说："听说凡界有山、有水、有森林、有食物，没有天庭中的清规戒律，我们何不到凡界自由自在、快快乐乐地生活？"3 只鸡随声附和，飞下了天界，飞到一片深山老林中。

四大天王闻讯后十分恼怒，立刻派遣天兵天将捉拿这 4 只

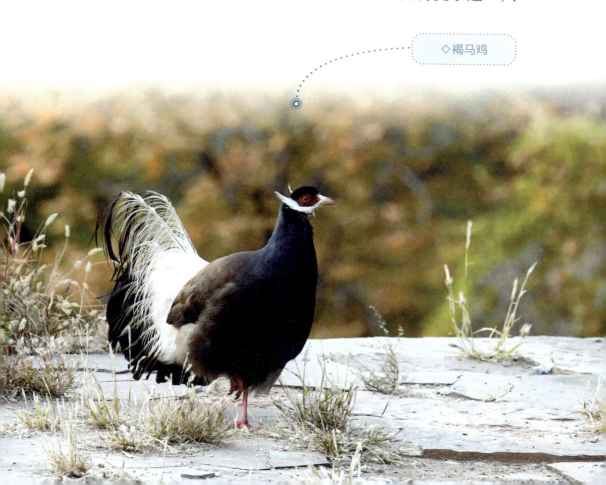

◇褐马鸡

鸡。它们虽使出浑身解数奋力反抗，但终被擒住。耳后被插入钢针，鲜血流满了面颊，却宁死也不愿再回天庭。于是天兵天将将它们扔进了烈火之中。

4只鸡被烧得奄奄一息，恰好一位医者路过此地，救起了它们。在医者的精心护理下，4只鸡很快恢复健康，但华丽的羽毛变为黑褐色，面颊、腿脚变为深红色，耳后的钢针变成了两簇雪白的羽毛突出于脑后，像一对白犄角。这就是我们现在看到的褐马鸡的样子。

关于褐马鸡还有另一个远古传说。相传在很久以前，黄帝和炎帝为争夺天下在阪泉大战，"帅熊罴狼，驱虎豹为前，驱雕鹖鹰鸢为旗帜，此则以力使禽兽者也"，其中的鹖就是褐马鸡。

◇褐马鸡

因美致祸

褐马鸡雏鸟的生长发育阶段在每年的 6—9 月，正是阴雨连绵的时候，这种天气造成雏鸟觅食困难、营养不足，死亡率较高，所以褐马鸡的种群数量较少。

因褐马鸡稀有且姿态雄健，更因其刚烈威猛、骁勇好斗、尾羽美丽，古代军士头盔上以褐马鸡尾部的羽毛作为装饰。从战国赵武灵王起，多代帝王都用褐马鸡的尾羽装饰武将的帽盔，称之为"冠"，以此激励将士。以褐马鸡的尾羽作为装饰直接导致褐马鸡遭到疯狂的猎杀，到了近代，褐马鸡的羽毛在欧洲市场大受欢迎、供不应求，价格十分高昂，更使它成为乱捕滥猎的对象。

历史上褐马鸡曾在我国广泛分布，与当时的人类生活有诸多联系。褐马鸡成为濒危动物的原因很多，除了过度猎捕，还有栖息地被破坏、人类经济活动等因素。

山地森林是褐马鸡赖以生存的栖息环境。曾经，华北地区植被茂盛，褐马鸡得以顺利栖息、繁衍。随着人口聚集、垦荒造田、战争冲突，以及宫殿、陵墓、府宅的大兴修建，大片森林遭到破坏以致丧失，褐马鸡的生存空间越来越小。

在山西省，沙棘的浆果是冬季降雪封山后褐马鸡的主要食物，人们对沙棘的开发利用渐渐造成了人与褐马鸡争夺沙棘的现象。

每年春末夏初是褐马鸡的繁殖期，也正是村民上山采药、

◇雪地上奔走的褐马鸡

砍柴、挖菜等经济活动频繁的时候，有些村民在森林中发现褐马鸡的巢会连窝取走或追逐驱赶孵卵的雌鸟，使它的繁衍生息受到威胁。

作为中国生物多样性名片之一、中国独有的珍稀鸟类，褐马鸡如今是国家一级重点保护野生动物，被《IUCN 红色名录》《中国生物多样性红色名录》定为易危物种，仅分布于河北、山西、陕西等省。

生态名片

由于褐马鸡栖息地的海拔高度接近人类生活区域，所以经常受到严重的人为干扰，偷猎褐马鸡和拾取鸟卵的现象难以杜绝。褐马鸡在中国的分布区已呈不连续的岛屿状，各栖息地基因相对封闭，很可能导致种群繁殖力的退化，这使褐马鸡面临灭绝的风险。

在发展经济的同时如何保护环境、保护野生动物，使这些稀世珍禽免遭灭顶之灾，是摆在人们面前的一个重要课题。为了保护并发展褐马鸡这一珍稀资源，1984年，山西省将它选为省鸟。山西、陕西、河北等省设立多个以保护褐马鸡为主的自然保护区。现在，中国不少动物园和保护区内都有人工繁殖的褐马鸡，并积累了成功的繁育经验。

2001年，陕西省韩城市设立了褐马鸡省级自然保护区。这个保护区是黄土高原上唯一保存较完整的、具有原始性的天然林区。2010年，保护区顺利晋升为国家级自然保护区，这不仅对保护褐马鸡种群及其栖息地的生态环境具有十分重大的意义，而且还有助于阻挡风沙南侵，保障关中平原的生态安全，改善黄河下游地区的生态环境。

2021年，在山西省长治市沁源县灵空山深处，人们架设的镜头拍摄到百余只褐马鸡在山中活动的珍贵影像。镜头记录下褐马鸡奔跑活动的同时，也让人们在这些精彩的画面里，看到了绿色沁源这张珍贵的"名片"。

近年来，山西省大力开展野生动植物保护公益宣传，利用世界野生动植物日、爱鸟周、野生动物保护宣传月等时间节点，广泛宣传引导，不断增进和凝聚公众的保护共识，努力把褐马鸡打造成"绿色山西"的生态名片。

东方白鹳——鸟中大熊猫

湿地舞蹈家

东方白鹳是一种大型涉禽，属于长寿鸟，已有记录的最长寿命可达48年。它身长和身高都在1米以上，翼展在2米以上，体态优美，飞行和步行时举止缓慢，看起来十分优雅。闲暇之余，它会曼妙起舞，若霓裳羽衣，似兰陵破阵，是湿地上的"舞蹈家"。

东方白鹳常在沼泽、湿地、塘边涉水觅食，主要以小鱼、蛙、昆虫等为食，粗壮的黑色长嘴十分坚硬，是捕食鱼类的利器。它身穿"白衣黑裙"，大部分羽毛皆为白色，只有翅尖和翅后缘的羽毛为黑色，两条鲜红色的大长腿和脚格外醒目，就像穿了红丝袜。

可惜的是，东方白鹳

◇东方白鹳

这种漂亮优雅的大鸟不会鸣叫。它没有发育好的鸣管，也没有控制鸣管的鸣肌。因此，东方白鹳在种内和种间交流时，多用肢体语言表达，想要发声时，就用粗大的上喙、下喙连续叩击，发出"嗒嗒嗒"或"咚咚"的响声。尽管它通过叩击发声，但可以产生不同的声效，有 3 种不同的叩击声，即"警戒声""求偶声""雌鸟声"，再配合一定的肢体语言，以表达不同的意思，实现不同的行为目的。

相约黄河三角洲

中国是东方白鹳迁徙路线上的关键区域，虽然在中国多个地区都有机会见到它，但是它的种群数量稀少，是国家一级重点保护野生动物、国家三有保护动物，被《IUCN 红色名录》《中国生物多样性红色名录》定为濒危物种。

每年，600 多万只鸟儿在迁徙途中到山东黄河三角洲国家级自然保护区停留、越冬、繁殖，这里因此有了"鸟类国际机场"的美誉。黄河三角洲有我国暖温带最完整的湿地生态系统，奔流万里的黄河从这里入海，呈现着河海交汇、长河落日的奇观，位于入海口的东营市有"东方白鹳之乡"的美誉。

在保护区，人们时常能看到电线杆上直径数米的大鸟窝——东方白鹳的巢。东方白鹳从 2003 年便开始在保护区内筑巢繁殖，黄河三角洲已成为东方白鹳全球最大繁殖地、黑嘴鸥全球第二大繁殖地、白鹤全球第二大越冬地和栖息地。候鸟们沿袭

◇东方白鹳翱翔于天空

着迁徙的习性，每年与黄河三角洲"相约一聚"。

美谈的背后，是山东省坚决贯彻落实黄河流域生态保护和高质量发展战略的信心和决心。黄河三角洲上正在徐徐铺展一幅"湿地在城中、城在湿地中"的生态画卷。

沙河水库的邂逅

每年，都会有一些珍奇鸟类飞到北京市区和周边郊县，在此盘桓数周后离去。2019年的春天，就有两只东方白鹳来到北京市昌平区的沙河水库。

◇水中静立的东方白鹳

　　这两只东方白鹳抵达沙河水库的时间并不一致，体型稍小的一只先到达，体型稍大的一只晚数日到达。它们似乎彼此并不熟悉，都在小心试探对方，体型稍大一点的更主动一些，"小个子"却有些怕它。它们经常在水面表演追逐飞翔，时不时相互打量对方，看起来很有意思。

　　春季是沙河的枯水期，水浅鱼多，各种候鸟从这里经过并在此集结。天上、水面、岸边一片喧嚣。水鸟觅食时，即使是不同种类，也喜欢聚在一起，这样，一旦发现掠食者或遇到突发情况，一鸟惊觉，百鸟可四散逃亡，有警示作用。

◇水中踱步的东方白鹳

东方白鹳很警觉，一只小鸥从身旁飞起，也可以使它们惴惴不安。这两只东方白鹳几乎同时决定近距离接触一下。它们小心相聚，各怀心思，此时，它们之间相互的戒备已经到达最高峰。为了放松自己，它们偶尔会扑向身边的银鸥"开个玩笑"。最终，它们决定用舞蹈来认识和了解对方，经过漫长的磨合、小心的试探，它们开始对彼此产生好感，但是，交往时仍然是小心翼翼的。

半个月左右以后，体型大一点的东方白鹳先行离去，另一只却晚走 5 日。这说明它们并不属于亲密的伙伴，宁可单飞也不结伴而行。

匠心筑和谐

近些年在京郊地区，除了东方白鹳，其他珍稀候鸟也蹁跹而至。进入候鸟迁飞的季节后，黑鹳、大鸨、天鹅、鸿雁、鸳鸯、灰鹤、秋沙鸭……纷纷而来，此时的北京市变成了候鸟的"天堂"和"加油站"。北京市包括候鸟在内的野生动物种群逐步增长，已经成为世界上生物多样性最丰富的首都之一。

2021年12月，人们在北京市的野鸭湖湿地自然保护区首次发现了丹顶鹤，丹顶鹤需要洁净而开阔的湿地环境作为栖息地，是对湿地环境变化最为敏感的指示生物。每年冬末春初、秋末冬初，野鸭湖湿地自然保护区都会迎来大量为长途迁徙做准备的候鸟，可谓是"灰鹤营地"，整个迁徙季在此越冬的灰鹤可达数千只。为了给越冬灰鹤等候鸟提供充足的食物来源和良好的栖息环境，野鸭湖湿地自然保护区出现了为鸟儿专门打造的"候鸟食堂"，这是一片只耕耘、不收获的特殊农田，种植着玉米、高粱、大豆等鸟类喜欢的农作物。

大鸨在全世界的数量只有数千只，在北京市看见大鸨是一个小概率事件。不过，大鸨已经连续6年出现在北京市通州区，在2021年更是在通州区的北京城市副中心出现了3只之多，几百名爱鸟志愿者立刻联起手来守护这3只大鸨，让它们在这段迁徙途中尽情享受惬意的时光。

北京市的温榆河公园曾经是一个风沙村落，经过治理，已摇身变为"城市绿肺"。"喧鸟覆春洲，杂英满芳甸。"天鹅、秋沙鸭、银鸥等鸟类构成了一幅幅生机盎然的美景，在这如画美景背后，无不彰显着城市建设者的匠心。

大天鹅——鸿鹄高翔

鸿鹄高飞，一举千里

"鹅鹅鹅，曲项向天歌。白毛浮绿水，红掌拨清波。"骆宾王的这首《咏鹅》不仅让人联想到鹅的外形，还承载着人们的童年记忆。每当读到这首诗，人们耳边便不由得回响起儿时母亲一字一句的教导和同学们在教室中的琅琅读书声。谈到"鹅"这个话题，人们还会想到人类用智慧将野生的鸿雁驯化出与人相伴的大白鹅。鸿雁的远亲中还有几种以"鹅"字命名的野生鸟类，如小天鹅、大天鹅、疣鼻天鹅等。

大天鹅是国家二级重点保护野生动物，被《中国生物多样性红色名录》定为近危物种，栖息于开阔的、水生植物繁茂的浅水水域，机警胆怯，善游泳。它是一种候鸟，迁徙时常以家族为单位。大天鹅的分布区域非常广阔，活动范围与气候有着密切的关系。如果年均气温较低，在冬季，它会分布于长江流域附近，寻找没有被冰封的水域，以便获取足够的食物；在春季，它会经华北地区到黑龙江等省繁殖。如果气候温和，它的繁殖区会向北扩展。在中国，大天鹅的繁殖地主要分布在新疆、

内蒙古、黑龙江等省（区）。不少大天鹅要去蒙古、俄罗斯等地繁殖。

大天鹅是遵守"终身伴侣制"的鸟类，这份忠贞在鸟类世界中很稀有。无论是取食还是休息，它们都成双成对。雌鸟产卵时，雄鸟会守卫在旁，遇到敌害时，它会勇敢地拍打翅膀上前迎敌。大天鹅不仅在繁殖期彼此互相帮助，民间还相传，如果一只死亡，另一只会为其"守节"，终生单独生活，不再寻找新的伴侣。

大天鹅不仅忠诚，而且志存高远，"燕雀安知鸿鹄之志哉！"常用来比喻平凡的人哪里知道英雄人物的志向，"鸿"指大雁，而"鹄"则指天鹅。大天鹅是世界上飞得极高的鸟类之一，能

史记·陈涉世家（节选）

[汉] 司马迁

燕雀安知鸿鹄之志哉！

像蓑羽鹤一样飞越喜马拉雅山脉。

　　不过，在人们看来，有如此志向的大天鹅，也曾面临过自卑失落的受挫时刻。大天鹅的幼鸟全身为灰褐色，与优雅纯洁的成鸟相差甚远，随着时间流逝，它们才会蜕变成美丽的白天鹅。安徒生用大天鹅从小到大的羽色变化演绎了一篇动人的童话故事《丑小鸭》。

大天鹅全身雪白，叫声动人、行为忠诚，在东方文化和西方文化中，人们都不约而同地把大天鹅作为纯洁、忠诚、高贵的象征。古今中外以它为对象的艺术作品数不胜数，俄罗斯作曲家柴可夫斯基的著名芭蕾舞剧《天鹅湖》，以优美的旋律、轻盈的舞姿而风靡世界，获得了惊人的成功，成为世界上最著名的芭蕾舞剧之一，也是所有古典芭蕾舞团的保留剧目。

东方天鹅王国

山东省荣成市有"中国大天鹅之乡"的美称，作为鸟类南迁北移的重要中转站和越冬栖息地，荣成市是亚洲规模较大的大天鹅越冬栖息地之一。每年有近万只大天鹅来此越冬，并于翌年3月上旬回迁。

荣成市地处山东半岛最东端，三面环海。荣成市成山卫天鹅湖是中国空气质量和海水质量较好的地区之一。独特的沿海地貌、适宜的气候、充足的食物、干净的水源和优美的环境，使这里具备了大天鹅冬季生活必需的基本条件。

成山卫天鹅湖水清藻肥、山美水美，大天鹅自然食物链完整，回迁到这里越冬的大天鹅数量还在逐年递增。当大天鹅迁徙高峰期到来，一幅和谐、美丽的生态画卷就此展开：清晨的

◇成山卫天鹅湖

成山卫天鹅湖旭日东升、薄雾弥漫，成群的大天鹅映着湖光山色，在绿树红苇间梳洗、追逐、飞翔、漫步……

在荣成市，还有一个人与自然和谐相处的小渔村——烟墩角。这里的海湾水清浪柔，生长着大量大叶藻、丰富的鱼虾

和浮游生物。每到飘雪时节，成群结队的大天鹅不远万里飞来，在海湾里自在游弋、引吭高歌。村里的渔民把大天鹅当成好朋友，人人亲近大天鹅，人人爱护大天鹅。烟墩角也因此被誉为"天鹅村"。

蓝喉歌鸲——天生歌王

高歌一曲获芳心

金黄的芦苇散发着秋日的温情，飒飒的秋风吹来了阵阵鸟

鸣。一只蓝喉歌鸲忽然现身于芦苇<u>丛</u>之间，它不像其他小鸟那样鲜活灵动，而是一副小心翼翼的样子。

　　蓝喉歌鸲，通过名字，便能猜到它的特点，它是天生歌王。蓝喉歌鸲属于鸣禽，雄鸟能够发出悦耳的叫声，每到求偶的季节，雄鸟总喜欢对着雌鸟"唱情歌"，声音婉转动人。除了"高歌一曲"，雄鸟还有善于学习其他物种叫声的特点。蓝喉

◇水边的蓝喉歌鸲

◇蓝喉歌鸲

歌鸲在中国分布范围广泛，然而，由于雄鸟叫声悦耳、羽色亮丽，它们被不法分子大量捕捉，成为非法笼养鸟，导致野外种群数量大幅下降。它是国家二级重点保护野生动物、国家三有保护动物。

蓝喉歌鸲也叫"蓝点颏"，身体大小和麻雀相似，胆小怕人。不过，它的颜值很高，让人难以忽视，颏部、喉部都是亮蓝色的，中央有栗色斑块，胸部有黑色横纹和栗色宽带，腹部为白色，十分漂亮。

蓝喉歌鸲喜栖息于灌丛或芦苇丛中，主要以昆虫为食，也吃少量植物种子。它的飞行高度较低，一般只作短距离飞翔，常在地面上欢快地跳跃。在春天，拥有繁殖羽的蓝喉歌鸲品相最佳，往往成为偷猎者的首选目标。由于它习惯在地上蹦来蹦去，寻找虫子和植物种子，所以很容易被偷猎者抓到。

候鸟与留鸟

蓝喉歌鸲可在中国东北、西北地区繁殖，是华北地区比较漂亮的几种旅鸟之一，在春、秋两季途经这里，时间并不长。对于人们来说，秋天是一年中的第三个季节，对于鸟类而言，秋天意味着又到了一年中生理与行为的转折期。候鸟与留鸟等鸟类学概念的出现，就与这个转折期有关。

鸟类学家经过研究，归纳出关于候鸟与留鸟的若干名词，值得人们去深入理解：留鸟、夏候鸟、冬候鸟、旅鸟、漂泊鸟、迷鸟等。

这些名词概念统称鸟类的"居留类型"。要准确理解鸟类的居留类型，需要把握住两点：一是鸟类的居留方式是对应着某个相对较大的地区而言的，二是鸟类是否随季节变化出现迁徙行为。

以北京地区为例，常年居住在该地区的鸟种被称为北京地区的"留鸟"；只在春季从南方迁来，夏季在北京地区繁殖，当年秋季又南迁的鸟种被称为北京地区的"夏候鸟";只在秋季从北方迁来,冬季居于北京地区,来年春季又北返的鸟种被称为北京地区的"冬候鸟";在春季或秋季从远方迁来,路过北京地区的鸟种被称为北京地区的"旅鸟";常年居于北京地区,但在繁殖期后或往南北方向、或往东西方向短距离迁移、越冬后,又回到原繁殖地的鸟种被称为北京地区的"漂泊鸟";如果是北京地区历史上从未记录到的鸟种,偶然出现在这里,则将其视为"迷鸟",它们可能是由于某些原因迷失了方向,误飞到北京地区。

在判断鸟类在中国的居留类型时,还有两点需要注意:一是中国的国土辽阔,南北气候差异很大,同一种鸟在南北各地的居留类型可能不同;二是有的鸟种在同一个地区会出现多个居留类型。

鸽子——不忘乡愁

咕咕叫的信使朋友

"哥哥有只小白鸽，小白鸽呀爱唱歌。咕咕咕，咕咕咕，哥哥听了笑呵呵。"鸽子是十分常见的鸟，总爱"咕咕咕"地鸣叫，鸽子已经有上千年和人类伴居的历史，在世界各地被广泛饲养，是和平的象征。

人们通常所说的鸽子是鸽属中的一种家鸽，家鸽中最常见的是信鸽，主要用于通信和竞翔。在鸽属中，还有一种鸽子叫"岩鸽"，是国家三有保护动物，也称"野鸽子"，主要栖息于有岩石和峭壁的地方，常结群于山谷翱翔或飞至平原觅食，也会到人类住宅附近活动，原因是在人类住宅附近通常能找到它们最喜欢吃的玉米、高粱、小麦等。

岩鸽较温顺，求爱时会温柔地"咕咕"叫，和家鸽叫声相似，鸣叫时频频点头，而陷入危险求救时，会发出刺耳的咕噜声，学会这套语言体系是每个岩鸽生存繁衍的必备技能。

岩鸽全身以灰色为主，最有特点的地方是颈部和上胸随着活动而闪耀的铜绿色金属光泽。雌鸟与雄鸟相似，但雌鸟羽色略暗，不如雄鸟鲜艳，光泽也不如雄鸟明亮。

◇ 在房檐上休憩的鸽子

所有种类的鸽子都属于晚成雏，刚孵出的雏鸽身体软弱，眼睛不能睁开，身上只有一些初生绒羽，不能行走和觅食。亲鸟会从嗉囊腺分泌出一种富含蛋白质的物质喂养雏鸽，这种物质叫作"鸽乳"。

"固执"的鸟中标兵

鸽子是一种十分"固执"的鸟，它的作息时间和生活习惯一旦养成，就会每天严格遵守，就像把自己当成军队中的士兵一样。鸽子的"固执"还体现在对家庭的忠诚，严格遵守"一夫一妻制"，一生只爱一位伴侣，如果深爱的伴侣不幸去世，留下的那只鸽子要花好长时间才能从悲痛中走出来。

鸽子最"固执"的地方在于故乡情怀，在哪里出生，就要在哪里生活一辈子。如果把鸽子带离故乡，无论遇到多少艰难困苦，即使要飞过万水千山，它们都要回家。人们发现了鸽子恋家（巢）的特点，于是将野生的原鸽驯化成家鸽。

古人常说"飞鸽传书"，其实飞鸽传书与鸿雁传书相似，是古人之间联系的一种方法，古代通信多有不便，人们便将信件系在鸽子的脚上然后请信使鸽子传递给收信人。鸽子出众的定向能力、飞翔能力及恋家的本性，确保它在不出意外的情况下每次都能不负使命、如约送达。

鸽子在数千公里以外被放飞后仍然能够重返家园。研究表明，鸽子具有多种定向方式，而凭借地球磁场定向，是常被采用的定向方式。在回家（巢）途中，鸽子通过地球磁场的强弱感受周围磁场的变化，由此确定自己的位置、判断方向。如果处于地球磁场扭曲的地方，鸽子就会因磁场的反常而迷失方向。

老北京的鸽哨记忆

"红墙黄瓦老皇城，青砖灰瓦四合院。豆汁焦圈钟鼓楼，蓝天白云鸽子哨。"如果要选择一种最具代表性的北京声音，那一定是鸽哨声。听到鸽哨声，就仿佛看到了湛蓝的天空、飞翔的鸽群、亲切的街坊、胡同口高高的大树……耳边也许还有"冰糖葫芦"的叫卖声。

回荡在四合院上空的鸽哨声，是原汁原味的"北京之声"。不少北京人从小就听着鸽哨声长大，有时光听鸽哨的声音，一两个小时就过去了，这记忆中的声音成为很多人大半生的追寻。

鸽哨又称"鸽铃"，是一个绑在鸽子尾羽上的小哨子，当鸽子在空中飞翔，气流冲击哨子，"嘤嘤嗡嗡"的婉转之音便随风飘起。

每天早晚是放飞鸽子的时间，鸽子从窝里飞出来，在家的上空盘旋飞翔。只要有两三只鸽子带着鸽哨，声音就足够响了，那婉转悠扬的哨声回荡在整片老北京城的天空。

虽然在现在的北京城区，鸽哨的声音已不再密集，但它并未从人们的记忆中消失。一代代出生于此的鸽子也永远不会忘记故乡，它们在蓝天红日之下自由翱翔，在绿水青山之间唱响乡愁。

图书在版编目（CIP）数据

听见故乡：鹦莺啼处记乡愁 / 中国野生动物保护协
会组编 . —北京：科学普及出版社，2022.8
　ISBN 978-7-110-10447-7

　Ⅰ.①听… Ⅱ.①中… Ⅲ.①生态环境建设—研究—
中国 Ⅳ.① X321.2

中国版本图书馆 CIP 数据核字（2022）第 094029 号

策划编辑	郑洪炜　牛　奕	
责任编辑	郑洪炜	
封面设计	中文天地	
正文设计	中文天地	
责任校对	邓雪梅	
责任印制	徐　飞	

出　　版	科学普及出版社
发　　行	中国科学技术出版社有限公司发行部
地　　址	北京市海淀区中关村南大街 16 号
邮　　编	100081
发行电话	010-62173865
传　　真	010-62173081
网　　址	http://www.cspbooks.com.cn

开　　本	710mm×1000mm　1/16
字　　数	155 千字
印　　张	15.5
印　　数	1—5000 册
版　　次	2022 年 8 月第 1 版
印　　次	2022 年 8 月第 1 次印刷
印　　刷	北京顶佳世纪印刷有限公司
书　　号	ISBN 978-7-110-10447-7 / X·75
定　　价	98.00 元